U0168010

导弹系统制导与控制一体化设计

王向华　陈志斌　著

北京航空航天大学出版社

内 容 简 介

20世纪80年代,有学者首次将制导与控制一体化设计方法应用到自动寻的导弹中,此后,涌现了很多关于制导与控制一体化设计的成果。本书在总结前人工作的基础上,将非线性控制理论同制导与控制一体化进行有机结合,分别针对单枚导弹作战和多枚导弹协同作战,提出了多种制导与控制一体化设计方法,在理论上可实现打击精度的提高。

本书可为高等院校飞行器制导与控制专业的本科生、研究生以及从事飞行器制导与控制设计的教师和工程师提供参考。

图书在版编目(CIP)数据

导弹系统制导与控制一体化设计 / 王向华,陈志斌著. -- 北京:北京航空航天大学出版社,2021.12
ISBN 978-7-5124-3657-2

Ⅰ. ①导… Ⅱ. ①王… ②陈… Ⅲ. ①导弹系统—设计 Ⅳ. ①TJ760.2

中国版本图书馆 CIP 数据核字(2021)第 268906 号

导弹系统制导与控制一体化设计

王向华 陈志斌 著

策划编辑 董 瑞 责任编辑 董 瑞

*

北京航空航天大学出版社出版发行

北京市海淀区学院路 37 号(邮编 100191) http://www.buaapress.com.cn
发行部电话:(010)82317024 传真:(010)82328026
读者信箱:goodtextbook@126.com 邮购电话:(010)82316936
北京建宏印刷有限公司印装 各地书店经销

*

开本:710×1 000 1/16 印张:11.5 字数:177 千字
2022 年 2 月第 1 版 2022 年 2 月第 1 次印刷
ISBN 978-7-5124-3657-2 定价:48.00 元

前　言

飞行器系统的集成设计是航空工业的发展趋势。制导与控制系统一体化设计能显著减小导弹的脱靶量，同时还能有效提高导弹整体系统的可靠性和稳定性，具有很大的发展前景。自20世纪80年代，制导与控制一体化设计思想被首次提出后，人们越来越关注制导与控制一体化方法的研究。本书可供高等院校飞行器制导与控制、控制理论与控制工程以及相关专业本科生、研究生参考，同时也可供航天器的研制、运营和应用的科技人员参考。

本书是作者在多年科学研究工作的基础之上，参考许多优秀著作并整合自己科学研究成果而编写完成的。本书的章节安排由浅入深，先在绪论中综述近年来制导与控制一体化设计的研究进展；再在第1章中介绍本书涉及的预备知识；然后第2~5章针对单枚导弹独立作战，重点阐述多约束下的制导与控制一体化设计方法及其仿真研究；最后第6、7章针对多导弹协同作战，主要陈述协同制导与控制一体化设计方法及其仿真研究。

在本书编写过程中，王介港、王静远、张文艺、丁苗苗等在格式修改方面做了大量工作，在此表示感谢。

由于作者的水平有限，书中存在的不足之处，敬请读者批评指正。

作　者
2021 年 9 月

目　　录

第一部分　单枚导弹作战的制导与控制一体化设计

第二部分　多导弹协同作战的制导与控制一体化设计

第0章 绪 论

0.1 传统飞行控制系统设计

飞行器能在空中按预定的轨迹运动,总离不开导引头、制导系统和控制系统等各个子系统的共同作用[1]。在传统的飞行控制系统设计中,导引头可估计目标的运动信息,包括目标相对于导弹的位置和目标速度信息等。制导系统使用这些信息产生加速度指令给自动驾驶仪,自动驾驶仪通过舵面的偏转产生力矩,来改变飞行器的姿态,以产生期望的攻角和侧滑角来跟踪制导系统的加速度指令[2]。因此,在传统的飞行控制系统设计过程中各个子系统是孤立的,这些孤立的子系统通过串联构成整个飞行控制系统。

在飞行器拦截目标的情形下,如果假设飞行器的动态变化是充分快的,即假设自动驾驶仪的响应是理想的,那么自动驾驶仪能完美地跟踪制导系统产生的加速度指令,飞行器就能成功地拦截目标[2]。然而在实际中,由于飞行条件和不期望的飞行环境,人们不能期望控制系统达到理想性能,即理想的控制系统与实际的控制系统之间是存在差异的。由于传统飞行控制系统设计并没有考虑这种差异,因此实际飞行时可能会达不到期望的性能[3]。

传统飞行控制系统设计的缺陷可以归结为以下几条:

① 传统的设计方法没有充分考虑各个子系统之间的协同关系。飞行器能在空中按预定的轨迹运动总离不开导引头、制导系统和控制系统等各个子系统的共同作用。这些子系统是耦合的,它们之间存有协同关系,在设计中考虑各子系统之间的协同关系能优化飞行器的性能。然而在传统的控制导引技术研究中,人们往往将制导与控制作为两个串联环节来考虑,单独处理每个子系统,而忽略了系统间的互联,没有充分考虑各个子系

统之间的协同关系[2]。

　　② 传统的设计方法会引入大量的设计迭代。传统的控制导引技术对每个子系统单独设计，然后将这些子系统集合在一起。如果整个系统达不到期望的性能，就要重新设计每个子系统来提高整个系统的性能[4]。这样的方法会导致过量的设计迭代，而迭代会使设计过程更费时并产生更高的费用[2][5]。另外，为了保证制导系统和控制系统之间的兼容，在最后全系统整合时也必须对控制和导引的协调性进行反复调试，特别是对于一些惯性时间比较长的导弹，控制和导引组合后有时会在拦截最末端无法跟踪指令信号，视线角速度过早发散，从而导致脱靶量变大[1]。

　　③ 传统的设计方法没有充分利用可用信息。传统的设计方法将制导系统与控制系统分开设计。在制导系统的设计中，人们往往把弹体设想成一个质点。制导系统的设计只考虑导弹与目标之间的相对几何关系和弹道特性来产生自动驾驶仪指令[1]，没有充分利用导弹的状态信息，这可能导致产生的加速度指令会超过自动驾驶仪的性能限制，尤其是在拦截高机动目标的情形下。自动驾驶仪为了跟踪制导系统产生的过大指令和抑制扰动，会使用高增益补偿器，从而产生大的舵面偏转指令，这些指令会使飞行控制系统不稳定[5]。在控制系统的设计中，把导引规律作为参考信号进行跟踪，突出考虑控制的品质，如快速性和鲁棒性等，以降低控制误差对制导系统的影响[1]。控制系统的设计也不使用目标与导弹之间的相对位置和速度信息作反馈，因此自动驾驶仪可能不能调节它的响应以适应灵活的目标机动[5]。

　　④ 传统的设计方法存在较大的时间延迟。传统的设计方法将制导系统与控制系统分开设计。假设控制系统的动态是充分快的，自动驾驶仪能完美地跟踪制导系统产生的加速度指令，那么就能精确拦截目标。即对于装有传统飞行控制系统的导弹来说，自动驾驶仪的时间常数通常暗示着可实现的拦截精度。然而在实际情形下，当导弹远离目标时，导弹目标的相对运动动态变化较慢，需要的自动驾驶仪的时间常数能很容易满足，当导弹靠近目标时，制导系统反应变快，此时自动驾驶仪的时间常数可能不再能满足要求，两系统之间的延迟变大，从而导致脱靶量变大。实际上，当导弹接近目标时，传统的飞行控制系统有时会不稳定[5]。

⑤ 传统的设计方法有时会在拦截的最后阶段失效。传统的设计方法分开设计制导和控制两个子系统。外环为制导系统,产生加速度指令,内环为自动驾驶仪,跟踪外环产生的加速度指令。这种分开设计的思想基于频谱分离的假设,这个假设在通常情况下是有效的,因为制导环的时间常数比控制环的大。确实,在拦截的大部分过程中,弹目的相对运动动态同快速的导弹动态相比改变得很慢[6]。但在拦截的最后阶段,尤其是当拦截高机动目标时,相对运动动态变化很快,此时制导环的时间常数与控制环的接近,频谱分离的假设不再成立[4][7][8]。因此,传统的设计方法有时在拦截末端会导致大的脱靶量和导弹的不稳定,从而失效。

0.2　制导与控制一体化设计

伴随着新威胁的出现,人们对飞行器的性能要求也越来越高。对于用于摧毁高机动目标的现代导弹拦截器而言,其主要要求是提高拦截性能,减小脱靶量,以实现对目标的精确打击;在不影响拦截性能的前提下减小弹头的尺寸[8]。处理这个挑战的可能方法是研发先进传感器,制造能量更大的导弹或者制造致命性更强的弹头。但是这种方法经常复杂且花费高。另一个方法就是在不改变平台的基础上通过导弹制导系统和自动驾驶仪的紧密集成,来实现所要求的拦截精度[2][6]。

制导与控制一体化设计将制导子系统同控制子系统作为一个整体来研究,实现制导同控制的无缝结合[9]。制导与控制一体化设计使用估计的目标状态和测量的导弹状态直接产生作用于拦截器的舵面偏转指令[10]。因此,制导与控制一体化设计能更大限度地发挥导弹的机动能力,实现精确打击的目的,一体化设计将成为导弹制导与控制系统设计的必然趋势。

制导与控制一体化设计具有以下特点:

① 制导与控制一体化设计允许设计者充分利用耦合子系统之间的协同关系[11]。通过充分考虑运动学与动力学之间的非线性互联,控制环与制导环之间的耦合,一体化设计可以将导弹的机动能力发挥到更大限度,提高拦截精度,扩展杀伤包线。制导与控制一体化设计是优化导弹性能的一种有效方法,是导弹制导与控制系统设计未来发展的一个重要方向。

②制导与控制一体化设计允许设计者充分利用可用信息。一体化设计综合使用弹目的相对运动信息（如位置、速度信息）和导弹的状态信息（如姿态、弹道角和过载等）直接产生舵面偏转指令[1]。因此制导环的设计能更有效地使用导弹状态信息[8][12]并能考虑到自动驾驶仪的性能限制，从而减少执行器饱和现象[5]，同时自动驾驶仪也能用相对运动信息作反馈，自动调节以适应各种机动的目标。

③制导与控制一体化设计降低了对自动驾驶仪的时间常数要求。一体化设计将制导环与控制环集合成一个环，不需要假设自动驾驶仪的响应是充分快的，即使在频谱分离不成立的拦截末端，也能精确打击目标。因此，制导与控制一体化提高了导弹的打击精度，增强了作战威力[5]。另外，一体化设计也能消除导弹在拦截末端的不稳定性[8]。

④制导与控制一体化设计能避免大的时间延迟和大量的设计迭代。一体化设计综合利用弹目相对运动信息和导弹的状态信息直接产生舵面偏转指令，从而避免了传统方法的先分开设计再集成所产生的时间延迟和设计迭代[5]，降低了成本，提高了拦截精度。

制导与控制一体化设计的性能指标包括以下几个方面[2]：

①以非常小的脱靶量拦截机动的目标。

②在整个拦截过程中保证滚转速率接近零。

③能以期望的终端视线角拦截目标。

④能保证导弹动态的内部稳定性。

⑤在实现拦截目标的同时满足舵面和执行器的位置和速率限制。

0.3　制导与控制一体化研究现状

飞行器系统的集成设计是航空工业的发展趋势，人们也越来越关注制导与控制一体化设计方法的研究，这反映在不断增多的关于制导与控制一体化设计的文章和报告中。

0.3.1　制导与控制一体化的应用对象

制导与控制一体化设计的应用对象包括寻的导弹、双控导弹、质量矩动力导弹和无人机等。在文献[13]中,Lin 第一次将制导与控制一体化思想应用于寻的导弹,采用最优控制法设计了控制器,在未建模误差存在的情况下,能最小化脱靶量,但只考虑拦截不机动的目标。随后出现了很多将制导与控制一体化思想应用于寻的导弹的文献,其中包括文献[14][15][16][17]等。

此后又有人将制导与控制一体化思想应用于双控导弹[7][12][18][19]。双控导弹指带有鸭翼和尾翼控制的导弹。一些短程导弹通常采用鸭翼结构来产生气动力,将导弹推动到期望的方向。然而,鸭翼控制的一个限制是在大攻角时容易产生气动饱和,尤其对于长机身的导弹,此时采用尾翼控制比较好。因此带有鸭翼和尾翼结构的双控导弹能获得更好的性能[19]。

文献[20][21]将制导与控制一体化思想应用到质量矩动力导弹 ,该导弹有两个控制输入(一个沿俯仰轴,一个沿偏航轴),滚转通道不受控制。在文献[20][21]中,作者首先得到一个十阶的状态空间方程,该方程即制导与控制一体化模型,然后采用依赖状态的代数 Riccati 方程来获得数值解。近些年来,又有人将制导与控制一体化思想应用到无人机中[22][23][24],包括无人机的编队飞行、避障和路径跟踪等。

0.3.2 制导与控制一体化的设计方法

要进行制导与控制一体化设计就必须先得到制导与控制一体化模型,获得制导与控制一体化模型的方法可以归纳为三类。第一类将制导子系统和控制子系统看成一个内链系统,利用内链系统的小增益定理来保证跟踪误差的一致最终有界[7][19];第二类将制导子系统和控制子系统集合成状态空间形式的线性系统[4][11][27],再采用线性系统设计方法(比如反演控制、滑模控制、动态逆等)进行制导与控制一体化设计;第三类对设计变量不断微分,将得到的积分链系统作为一体化模型[32][33][34],然后采用非线性控制方法进行制导与控制一体化设计。

获得了制导与控制一体化模型后,则可利用多种控制方法进行同制导与控制一体化设计,这其中包括最优控制、反馈线性化、H_∞ 控制、反演控制、自适应动态面控制、滑模控制等。文献[25]采用线性二次调节器对导弹纵向线性化模型进行制导与控制一体化设计,得到的最优控制器不仅能实现拦截还能实现期望的影响角。文献[2]先将导弹非线性模型转化为一个反馈线性化动态系统,再利用反馈线性化方法进行制导与控制一体化设计。在文献[26]中,H_∞控制方法同制导与控制一体化思想结合起来,设计了一个非线性控制器,能以期望的影响角精确拦截目标。文献[27]将弹目相对速度的法向分量、导弹加速度和导弹俯仰角速率作为系统状态,得到一个线性时变模型,再采用反演控制方法进行制导与控制一体化设计,同时采用高阶滑模扰动观测器来估计未知扰动,以实现精确拦截。反演控制是处理不匹配不确定性的一个强大工具,但是它存在一个问题,就是需要对虚拟控制不断微分。因此,当系统阶数较高时,控制器的设计就会变得复杂。为了避免这个问题,文献[11]采用动态面控制方法,该控制方法是在传统反演控制的每一步之后引入一个一阶滤波器,并引入自适应律来估计不确定性的未知界,设计的控制器能使视线角速率收敛到任意小的一个区域内。

滑模控制由于其具有好的鲁棒性而被广泛应用于控制系统设计中。根据选取的滑模变量的不同,现有制导与控制一体化设计结果又可分为以下几种:

① 采用零作用偏差作为滑模变量[6][12]。零作用偏差指当前视线偏离初始视线的垂直距离。以零作用偏差为滑模变量进行制导与控制一体化设计就是设计控制器使零作用偏差收敛到零,保证精确拦截。

② 采用视线角速率作为滑模变量[28]。这是基于平行接近导引法,当视线角速率为0时,就能保证精确拦截。制导与控制一体化设计的目标即使视线角速率能收敛到零。

③ 采用视线向量与速度向量夹角作为滑模变量[29]。在拦截过程中,如果拦截器的速度能始终指向目标的话,那么就能保证精确拦截。文献[29]正是基于这个思想,选取视线向量与速度向量夹角作为滑模变量,然后将其转化为四元数,并采用三阶滑模控制方法进行制导与控制一体化设计。

0.3.3　制导与控制一体化

传统的制导和控制设计主要包括三个环。在最外环,通过考虑弹目相对运动动态来产生加速度指令以实现最小的脱靶量；在中间环，将这些加速度指令转化为等价的体旋转速率指令；在最内环，设计舵面偏转量跟踪这些体旋转速率指令。不同于传统设计的三环结构，制导与控制一体化设计的典型结构有：

① 一环结构：制导与控制一体化设计将传统设计中的三个环集合成一个环，综合使用弹目相对运动信息和导弹的状态信息，直接产生作用于拦截器的舵面偏转指令。

② 二环结构：由于距离重心的力臂大，舵面的偏转只能产生很小的气动力，然而却能产生很大的气动力矩。因此，舵面的偏转能有效地使飞行器转弯但是不能有效地直接校正平移误差，即导弹动态中的快动态与慢动态之间是存在时间分离的。一环结构设计没有考虑快慢动态之间的时间分离属性，当拦截高机动目标时，就有可能导致导弹系统的不稳定。

为了克服一环结构的不足，文献[30]提出了考虑旋转和平移动态之间时间分离属性的部分制导与控制一体化设计两环结构。部分制导与控制一体化具有两环结构，依据飞行器旋转和平移动态之间固有的时间分离属性，将传统三环设计中的最外环和中间环集合成一个环，该环为部分制导与控制一体化设计的外环，将传统三环设计中的最内环作为部分制导与控制一体化设计的内环。在部分制导与控制一体化设计中，外环考虑弹目之间的相对运动信息和导弹的慢动态，直接产生体旋转速率指令。内环考虑导弹快动态产生舵面偏转指令来跟踪外环指令。注意，在部分制导与控制一体化设计中，内外环都直接使用了拦截器模型，这是一体化设计的关键特征。因此，部分制导与控制一体化设计两环结构保存了一环结构和传统三环设计的优点。

③ 考虑控制环动态的制导环设计：虽然一环结构有明确的优点，但是设计复杂，这是因为一环结构将各个子系统集合成一个高阶系统，这使得传统的增益调节设计方法很难应用到维数增加的非线性控制问题中[5]。考虑到制导与控制一体化设计的复杂性，文献[3]和[31]提出了考虑控制环动态的制导环设计。该方法的基本思想为，首先设计控制器得到闭环控制子系统，该子系统由导弹系统和一个非线性控制器组成，设计非线性控制器使得闭环控制子系统能跟踪给定的参考模型。然后将闭环控制子系

统与制导子系统集成,设计制导律。这种方法的缺点是,控制环的设计依然没有使用目标与导弹之间的相对位置和速度信息作反馈,因此它不能调节它的响应以适应灵活的目标机动。

0.3.4 制导与控制一体化的应用场景

随着对制导与控制一体化研究的深入,应用制导与控制一体化设计思想的飞行任务也越来越多,包括带有影响角限制的精确拦截、无人机编队飞行、追踪、避障和路径跟踪等。

在导弹攻击目标的情形下,有时人们不仅希望获得最小脱靶量,还往往希望导弹在命中目标时有最佳的姿态,以使导弹发挥最大效能,取得最佳杀伤效果。如希望钻地弹能以近乎垂直的角度攻击地上目标,希望反导导弹能够头对头直接碰撞来袭导弹等[1]。因此一些文献考虑了带有影响角限制的拦截问题。影响角有多种定义方式,文献[16][17][28][35]将影响角定义为姿态角(俯仰角),假设拦截时的攻角很小,则期望的俯仰角近似为期望的视线角。文献[36]直接将影响角定义为视线角,文献[2]将影响角定义为拦截时刻导弹和目标速度向量的夹角。

无人机是完成跟踪、监视和侦察任务的一个有效平台。无人机尤其适用于多智能体的协调任务。为了使无人机能够在无人为干涉或者在大的外部扰动威胁下或者在严重飞行故障下成功地完成任务,人们越来越有兴趣将制导与控制一体化思想应用到无人机,以研发高性能自主智能飞行控制系统。文献[37][38]将制导与控制一体化思想应用到无人机编队飞行控制中,文献[37]考虑了含有一个领导者和一个跟随者的基于视线的编队飞行结构,文献[38]考虑了含有一个领导者和三个跟随者的绕地面机动目标圆形协调的编队飞行结构。

无人机的发展降低了对人力(包括资金和生命)的依靠。在威胁人的生命或者人力的投入比任务本身还要大的情况下,无人机是获取信息的一种快速可靠的方法。无人机已经被应用到很多领域,包括交通监测、污染监控、自然及人为灾害监测等。这样的任务可能要求无人机在城市大厦附近飞行,这易使飞行器发生碰撞,从而导致信息的完全丢失和任务的失败。因此,无人机在飞行中能自主检测和避开障碍物是非常重要的。文献[23]

和文献[24][39]分别将制导与控制一体化思想用于研究无人机追踪和自主避障问题。

路径规划就是找一个安全飞行路径以到达目标点的过程。无人机的路径规划通常包含两层,一层是全局路径规划,一层是局部路径规划。全局路径规划是提前找到一个路径以至于能避开已知的障碍物,到达目的地。全局路径规划通常要求是最优的。局部路径规划主要是自主避障,当在线传感器检测到一个故障时,局部路径规划就启动,通过计算选择一个合理的机动方向,安全地避开障碍物。文献[40]将制导与控制一体化思想应用到路径规划,在该文章中,三通道独立进行一体化设计:俯仰通道利用升降舵使视线误差角趋于零;滚转通道利用副翼使航向角趋于期望值;偏航通道利用方向舵使侧滑角趋于零。

从前面的分类和总结中可以看出,制导与控制一体化设计已经得到了广泛的研究,然而依然有很多问题没有被解决,比如,大部分的制导与控制一体化设计只能实现渐近稳定性;再如,在实际中有些状态是不可用的,然而很多制导与控制一体化设计都假设全状态可用;又如,采用滑模控制的制导与控制一体化设计并没有处理控制输入震颤的问题;另外,大部分的制导与控制一体化设计都假设导弹和目标在同一平面内运动而很少研究实际的三维空间拦截问题。本书针对这些问题对导弹系统的制导与控制一体化设计进行了进一步的研究。

0.4　协同制导与控制

协同控制起源于自然界中生物集群现象,如鸟类编队飞行以减少阻力,鱼类群聚以抵御天敌等。群体内的协调与合作将极大地提高个体行为的智能化程度,能够完成单个个体无法完成的任务,具有高效率、高容错性和内在的并行性等优点。协同的优越性使其成为当前控制领域的研究热点,多水下航行器、多无人机、卫星编队等都是对协同控制理论的应用[41][42]。

随着现代反导技术不断升级,导弹突防难度日益增大,类似 CIWS(Close‑in Weapon System)的此类导弹防御系统以其全方位、多层次情报搜集能力、战场拦截能力和主动干扰能力,致使单枚导弹在作战中面临巨大威胁[41]。将担负不同任务的智能化导弹组成一体化集群的协同攻击则是一种更符合现代信息化战争思想的作战方法[43]。多导弹协同作战还能完成如战术隐身、增强电子对抗能力和对运动目标的识别搜捕能力等单枚导弹无法完成的任务[41]。多导弹协同作战涉及的技术众多,协同制导技术作为其中的关键技术,直接决定了导弹的控制精度与协同效果。但如何通过有效的协同制导策略支持多导弹协同攻击多目标,并且满足在攻击时间和攻击角度约束条件下以最大的成功概率、最低的风险命中目标,以最小的代价、最少的伤亡换取最大的作战效能,是一个极具理论价值和实战意义的问题,也是导弹制导技术研究的热点[43]。

要实现多导弹协同攻击,就要求参与攻击任务的多枚导弹能从不同方向同时到达目标,这就要求导弹制导系统具有控制导弹攻击时间和攻击角度的能力。与之类似的无人机编队协同控制问题经过多年的研究已经有了一定的研究成果,但因为导弹具有其特殊性,无人机的相关研究成果并不能直接应用于导弹的协同制导。事实上,导弹协同制导是多智能体协同控制的一个重要方面,但与无人机和智能体相比,导弹的运动速度更高,使得多导弹协同控制方法的实时性要求更高、通信量更小;另外导弹难以实现无人机和智能体的盘旋、静止,且其弹道应尽可能平直,避免过多的转弯,这就对其协同提出了更高的要求[44]。

0.5　协同制导与控制研究现状

事实上,实现多导弹协同制导的核心是通信,根据在线或离线信息交互,多导弹协同制导方法可以分为两类:一类是攻击时间控制导引,也称之为开环导引,即事先为每枚导弹指定一个共同的到达时间,每枚导弹各自独立地按照指定的到达时间导引到同一目标;另外一类是攻击时间协同导引,也称之为闭环导引,即参与协同的每枚导弹通过通信和协调,达到时间同步,这种方法不需要事先为每枚导弹指定一个共同的到达时间,但需要有弹载实时数据链的支持。

在开环导引中,指定的攻击时间一旦装订好,在导弹飞行的过程中一般就不能再更改。然而,导弹在飞行过程中不可避免地要受到外界干扰,这就可能导致一枚或多枚导弹无法按指定的共同攻击时间到达目标,达不到饱和攻击的预期效果。因此,基于独立导引的多导弹同时到达,从根本上来说属于开环控制,对外界扰动的鲁棒性较差。在一般意义上,预先设定攻击时间的制导方案并不能被看成是真正的多弹协同制导[43][44]。

开环导引可看作是带有时间约束的导引。2006 年,Jeon 等人以多反舰导弹齐射攻击为背景,提出了任意指定飞行时间的制导律,为多导弹开环导引律的设计问题率先提出了尝试性的解决方法。所提出的制导指令表达式为

$$a = NV\dot{\lambda} + K(\overline{T}_{go} - \hat{T}_{go})$$

式中,$\overline{T}_{go} = T_d - T$,为期望剩余飞行时间,其中 T 为当前时刻,T_d 为期望攻击时刻;$\hat{T}_{go}$ 为以比例导引估计出的实际剩余飞行时间。为了取得更好的作战效果,一般要求同时到达目标的导弹还能以不同的角度入射。为此,Jeon 等人在 2007 年又提出了带有角度约束的攻击时间控制导引律,这些工作是解决多导弹协同制导问题理论研究领域较典型且有效的范例,诸多学者得以在其基础上进行更为深入的探索[41]。早期关于带有时间约束制导律设计的结果,大都假设导弹的航迹角很小,基于这个假设可将导弹攻击几何模型线性化,再采用优化控制方法设计导引律[45][46][47][48]。随后有学者针对非线性攻击几何模型设计带有时间约束的导引律[49][50][51][52],这些工作基于李雅普诺夫稳定性理论,使得估计的剩余飞行时间与期望的剩余飞行时间之差收敛到零。关于开环导引法的相关综述可以参考单枚导弹带有时间约束导引律的综述。在开环导引中,由于存在期望攻击时间有效范围如何确定、过度的线性化简化等问题,导致其实际应用尚存在困难[41]。

闭环导引在导引过程中根据各枚导弹的实际飞行情况,实时"协商"和调整共同的攻击时间。虽然闭环导引对外界扰动具有鲁棒性,但它的实现需要一个可靠的通信网络来支撑,以保证导弹之间能实时进行必要的信息交互。现有的闭环导引律对通信网络连通性的需求都较为苛刻。实际上,战场环境中充满了电磁干扰,并存在各种各样的反导防御系统。在这样一个敌对的环境中飞行,导弹之间的通信受到严重的干扰,其通信只能是局

部的和间断的,这就意味着通信网络拓扑是时变的,且是不能事先指定或者预测的。因此,要使所设计的闭环协同制导律在实际战场环境中可用,放宽对通信网络连通性的需求极为重要[43]。

对于闭环导引,导弹之间的通信是关键,如果不能通信就不可能实现闭环式协同制导。导弹之间通信的拓扑结构主要包括集中式通信和分布式通信两种[44]。集中式通信拓扑是指在导弹集群中存在一枚或多枚导弹能够与所有导弹进行信息的交流,而分布式通信是指导弹集群中的导弹仅能与若干枚与其相邻的导弹进行信息的交流。因此,根据弹群中导弹之间的通信拓扑可以将闭环导引分为集中式和分布式协同制导两类。

对于集中式协同制导,会存在一个集中式协调单元,即所有导弹将协调所必需的状态信息传送给集中式协调单元。该单元直接计算出期望的协调变量值,然后将其广播至所有导弹。这种集中式协调单元可以只存在于一枚导弹中,也可以分布于所有导弹中。如果只存在于一枚导弹中,则导弹集群的总计算量要小很多,通信拓扑结构简单,利于导弹集群的扩展,但由于集中式协调单元的失效将致使整个系统的协调控制失败,所以存在系统的可靠性、抗毁性和鲁棒性差的问题。若将集中式协调单元分布于所有导弹中,则情况与之相反[44]。

由于在实际战场上很难保证弹群中导弹间的集中式通信,因此往往采用分布式的通信拓扑结构,即每枚导弹只能与其相邻的导弹进行信息交流,且通过图论中的加权拉普拉斯矩阵来描述各导弹间的通信关系。这种通信拓扑结构虽然避免了集中式通信拓扑所存在的问题,但是从弹趋于期望协调变量和参考运动状态的时间是无穷的,而且系统的可靠性较差[44]。

Mclain 等人首次提出了协调变量(Coordination Variables)的概念[54],基于协调变量概念而提出的协同控制方法被认为是一种解决多主体协同控制问题的通用方法。在多无人机的协同控制中,利用基于协调变量的协同控制已经被证实发挥了重要作用[41]。赵世钰和周锐将其应用到多导弹的协同制导中,提出一种可适用于集中式和分布式通信拓扑的双层协同制导架构[55],首次通过导弹间的信息交流实现协同制导。2009 年,张友安等首次将"Leader - Follower"编队控制方式应用到多导弹协同制导中,并提出一种"领弹—从弹"协同制导架构[56]。此后,关于闭环协同制导方法的研究均是在以上两种协同制导架构的基础上展开的。比如,文献[57][58]针对固地静止目标设计了分布式协同制导律,文献[59]考虑了做匀速直线运动的目标,文献[60][61][62][63][64]对机动目标设计了协同制导律。

从前面的分类和总结中可以看出,协同制导与控制是近年来新兴的研究热点,目前还有很多问题没有解决,例如:

① 无论是开环导引还是闭环导引,大部分结果将协调变量选取为剩余飞行时间。然而通常情况下是很难精确估计剩余飞行时间的。文献[53]给出了剩余飞行时间的一个解析形式,然而只适用于采用纯比例导引攻击静止目标的情形。

② 现有的涉及机动目标的协同制导方法都假设目标的过载可以直接测得,这无疑对导引头的性能提出了很高的要求,例如,因为导引头精度有限,探测到的目标信息会存在误差。

③ 现有的协同制导结果,在进行制导律设计时往往忽略动力学信息,如果只考虑制导回路而忽视控制回路则无法保证系统的稳定性。对于一些有特殊动力学特征的导弹,如旋转导弹和高超声速导弹等,在设计其协同制导律时,还应该考虑其动力学特性,即要实现制导与控制的综合设计。

参考文献

[1] 李红春,蔡洪,孙明玮. 基于制导一体化设计实现大入射角攻击目标的技术研究[J]. 战术导弹技术,2008,5:54-58.

[2] MENON P K, OHLMEYER E J. Integrated design of agile missile guidance and autopilotsystems[J]. Control Engineering Practice, 2001, 9: 1095-1106.

[3] CHWA D, CHOI J Y. Adaptive nonlinear guidance law considering control loop dynamics[J]. IEEE Transactions on Aerospace and Electronic Systems, 2003, 39(4): 1134-1143.

[4] SHU Y, TANG S. Integrated robust dynamic inversion design of missile guidance and control based on nonlinear disturbance observer: Proceedings of the 4th International Conference on Intelligent Human-Machine Sys-

tems and Cybernetics，August 26-27，2012[C]. Nanchang：IEEE,2012.

[5] MENON P K，OHLMEYER E J. Optimal fixed-interval integrated guid-ance control laws for hit-to-kill missiles：Proceedings of AIAA Guidance Navigation and Control Conference and Exhibit，August 11-14，2003[C]. Austin，Texas，America：AIAA,2012.

[6] ZHURBALA，IDAN M. Effect of Estimation on the performance of an in-tegrated missile guidance and control system[J]. IEEE Transactions on Aerospace and Electronic Systems，2011，47(4)：2690-2708.

[7] YAN H，JI H. Integrated guidance and control for dual-control missiles based on small-gaintheorem[J]. Automatica，2012，48(10)：2686-2692.

[8] SHIMA T，IDAN M，GOLAN O M. Slidingmode control for integrated missile autopilot-guidance[J]. Journal of Guidance，Control，and Dynam-ics，2006，29(2)：250-260.

[9] 梁冰，徐殿国，段广仁. 导弹俯仰通道带有落角约束的制导与控制一体化设计[J]. 科学技术与工程，2008，8：70-75.

[10] SHARMA M，RICHARDS N D. Adaptive,integrated guidance and con-trol for missile interceptors：Proceedings of AIAA Guidance Navigation and Control Conference and Exhibit，August 16-19，2004[C]. Provi-dence，Rhode Island，America：AIAA，2012.

[11] HOU M Z，DUAN G R. Adaptive dynamic surface control for integrated missile guidance andautopilot[J]. International Journal of Automation and Computing，2011，8(1)：122-127.

[12] IDAN M，SHIMA T，GOLAN O M. Integratedsliding mode autopilot-guidance for dual control missiles[J]. Journal of Guidance，Control，and Dynamics，2007，30(4)：1081-1089.

[13] LIN C F，YUEH W R. Optimal controller for homingmissiles[J]. Jour-nal of Guidance，Control and Dynamics，1985，8(3)：408-411.

[14] BALAKRISHNAN S N，STANSBERY D T，EVERS J H，CLOUTIER J R. Analytical guidance laws and integrated guidance/autopilot for hom-ing missiles：Proceedings of the 2nd IEEE Conference on Control Appli-cations，September 13-16，1993[C]. Vancouver，Canada：IEEE，2002.

[15] PALUMBO N F，REARDON B E，BLAUWKAMP R A. Integrated guidance and control for homing missiles[J]. Johns Hopkins APL Tech-

nical Digest，2004，25（2）：121-139.

[16] GUO J，ZHOU J. Integratedguidance and control of homing missile with impact angular constraint：Proceedings of International Conference on Measuring Technology and Mechatronics Automation，March 13-14，2010[C]. Changsha，China：IEEE，2010.

[17] HOU M，DUAN G. Integrated guidance and control of homing missiles against ground fixed targets[J]. Chinese Journal of Aeronautics，2008，21：162-168.

[18] TOURNES C H，SHTESSEL Y B. Integrated guidance and autopilot for dual controlled missiles using higher order sliding mode controllers and observers：Proceedings of AIAA Guidance，Navigation and Control Conference and Exhibit，August 18-21，2008[C]. Honolulu，Hawaii，America：AIAA，2012.

[19] YAN H，JI H. Integrated guidance and control for dual-control missiles against ground fixed targets：Proceedings of IEEE International Conference on Mechatronics and Automation，August 5-8，2012[C]. Chengdu，China：IEEE，2012.

[20] VADDI S S，MENON P K，OHLMEYER E J. Numerical SDRE approach for missile integrated guidance-control：Proceedings of AIAA Guidance，Navigation and Control Conference and Exhibit，August 20-23，2007[C]. Hilton Head，South Carolina，America：AIAA，2012.

[21] VADDI S S，MENON P K，OHLMEYER E J. Numerical state dependent Riccati equation approach for missile integrated guidance control[J]. Journal of Guidance，Control and Dynamics，2009，32（2）：699-703.

[22] YU J，XU Q，ZHI Y. A TSM control scheme of integrated guidance/autopilot design for UAV：Proceedings of the 3rd International Conference on Computer Research and Development，March 11-13，2011[C]. Shanghai，China：IEEE，2011.

[23] YAMASAKI T，BALAKRISHNAN S N，TAKANO H. Sliding mode based integrated guidance and autopilot for chasing UAV with the concept of time-scaled dynamic inversion：Proceedings of American Control Conference,29 June-1 July，2011[C]. San Francisco，CA，America：IEEE，2011.

[24] CHAWLA C, PADHI R. Reactive obstacle avoidance of UAVs with dynamic inversion based partial integrated guidance and control：Proceedings of AIAA Guidance Navigation and Control Conference，August 2-5，2010[C]. Toronto，Ontario，Canada：AIAA，2012.

[25] YUN J, RYOO C K. Integrated guidance and control law with impact angle constraint：Proceedings of the 2011 11th International Conference on Control，Automation and Systems，October 26-29，2011[C]. Gyeonggi-do，Korea (South). IEEE，2011.

[26] GUO J G, ZHOU J. Integrated guidance-control system design based on control：Proceedings of the 2010 International Conference on Electrical and Control Engineering，June 25-27，2010 [C]. Wuhan，China：IEEE，2010.

[27] HWANG T W, TAHK M J. Integrated backstepping design of missile guidance and control with robust disturbance observer：Proceedings of . SICE-ICASE International Joint Conference，October 18-21，2006[C]. Busan，Korea (South)：IEEE，2006.

[28] WEI Y, HOU M, DUAN G. Adaptive multiple sliding surface control for integrated missile guidance and autopilot with terminal angular constraint：Proceedings of Chinese Control Conference，July 29-31，2010[C] Beijing，China：IEEE，2010.

[29] FOREMAN D C, TOURNES C H, SHTESSEL Y B. Integrated missile flight control using quaternions and third-order sliding mode control：Proceedings of American Control Conference，June 26-28，2010 [C]. Mexico City，Mexico：IEEE，2010.

[30] DSA P G, CHAWLA C, PADHI R. Robust partial integrated guidance and control of interceptors in terminal phase：Proceedings of AIAA Guidance Navigation and Control Conference，August 10-13，2009[C]. Chicago，Illinois，America：AIAA，2012.

[31] ABEDI M, BOLANDI H, Saberi F F, et al. An adaptive RBF neural guidance law surface to air missile considering target and control loop uncertainties：Proceedings of IEEE International Symposium on Industrial Electronics，June 4-7，2007[C]. Vigo，Spain：IEEE，2007.

[32] WANG X, WANG J. Partial integrated missile guidance and control with

finite time convergence[J]. Journal of Guidance, Control and Dynamics, 2013, 36(5): 1399-1409.

[33] WANG X, WANG J. Partial integrated guidance and control for missiles with three-dimensional impact angle constraints[J]. Journal of Guidance, Control and Dynamics, 2014, 37(2): 644-657.

[34] WANG X, WANG J, GAO G. Partial integrated missile guidance and control with state observer[J]. Nonlinear Dynamics, 2015, 79(4): 2497-2514.

[35] MA W, HAN Y, JI H. Integrated guidance and control against ground fixed targets based on backstepping and input-to-state stability: Proceedings of International Conference on Mechatronics and Automation, August 5-8, 2012[C]. Chengdu, China: IEEE, 2012.

[36] ZHAO C, YI H. ADRC based integrated guidance and control scheme for the interception of maneuvering targets with desired LOS angle: Proceedings of Chinese Control Conference, July 29-31, 2010[C]. Beijing, China: IEEE, 2010.

[37] KIM B S, CALISE A J, SATTIGERI R J. Adaptive integrated guidance and control design for line of sight based formation flight[J]. Journal of Guidance, Control and Dynamics, 2007, 30(5): 1386-1398.

[38] SADRAEY M. Optimal integrated guidance and control design for line-of-sight based formation flight: Proceedings of AIAA Guidance Navigation and Control Conference, August 08-11, 2011[C]. Portland, Oregon, America: AIAA, 2010.

[39] CHAWLA C, PADHI R. Neuro-Adaptive augmented dynamic inversion based PIGC design for reactive obstacle avoidance of UAVs: Proceedings of AIAA Guidance Navigation and Control Conference, August 08-11, 2011[C]. Portland, Oregon, America: AIAA, 2012.

[40] YAMASAKI T, BALAKRISHNAN S N, TAKANO H. Separate-channel integrated guidance and autopilot for automatic path-following[J]. Journal of Guidance, Control and Dynamics, 2011, 36(1): 25-34.

[41] 施广慧, 赵瑞星, 田加林, 等. 多导弹协同制导方法分类综述[J]. 飞航导弹, 2017, 1: 85-90.

[42] 赵恩娇, 孙明玮. 多飞行器协同作战关键技术研究综述[J]. 战术导弹技

术，2020，4：175-182.

[43] 马培蓓，王星亮，纪军. 多导弹攻击时间和攻击角度协同制导研究综述 [J]. 飞航导弹，2018，6：67-71.

[44] 赵建博，杨树兴. 多导弹协同制导研究综述[J]. 航空学报，2017，38(1)：22-34.

[45] JEON I S，LEE J I，TAHK M J. Impact-time-control guidance law for anti-ship missiles[J]. IEEE Transactions on Control Systems Technology，2006，14(2)：260-266.

[46] RYOO C K，CHO H，TAHK M J. Time-to-go weighted optimal guidance with impact angle constraints[J]. IEEE Transactions on Control Systems Technology，2006，14(3)：483-492.

[47] LEE J I，JEON I S，TAHK M J. Guidance law to control impact time andangle[J]. IEEE Transactions on Aerospace and Electronic Systems，2007，43(1)：301-310.

[48] ARITA S，UENO S. Optimal feedback guidance for nonlinear missile model with impact time and angle constraints：Proceedings of AIAA Guidance，Navigation，and Control Conference，August 19-22，2013[C]. Boston，America：AIAA，2013.

[49] KUMAR S R，GHOSE D. Sliding mode control based guidance law with impact time constraints：Proceedings of American Control Conference，June 17-19，2013[C]. Washington，DC，America：IEEE，2013.

[50] CHO D，KIM H J，TAHK M J. Nonsingular sliding mode guidance for impact timecontrol[J]. Journal of Guidance，Control，and Dynamics，2015，39(1)：61-68.

[51] SALEEM A，RATNOOR A. Lyapunov-based guidance law for impact time control and simultaneous arrival[J]. Journal of Guidance，Control，and Dynamics，2015，39(1)：164-173.

[52] KUMAR S R，GHOSE D. Impact time guidance for large heading errors using sliding mode control[J]. IEEE Transactions on Aerospace and Electronic Systems，2015，51(4)：3123-3138.

[53] CHO N，KIM Y. Modified pure proportional navigation guidance law for impact time control[J]. Journal of Guidance，Control，and Dynamics，2016，39(4)：852-872.

[54] MCLAIN T W, BEARD R W. Coordination variables, coordination functions, and cooperative timing missions[J]. Journal of Guidance, Control and Dynamics, 2008, 28(1): 150-161.

[55] 赵世钰, 周锐. 基于协调变量的多导弹协同制导[J]. 航空学报, 2008, 29(6): 1605-1611.

[56] 张友安, 马国欣, 王兴平. 多导弹时间协同制导: 一种领弹　被领弹策略[J]. 航空学报, 2009, 30(6): 145-154.

[57] ZHOU J, YANG J. Distributed guidance law design for cooperative simultaneous attacks with multiple missiles[J]. Journal of Guidance, Control, and Dynamics, 2016, 39(10): 2439-2447.

[58] LIU X, LIU L, WANG Y. Minimum time state consensus for cooperative attack of multi-missile systems[J]. Aerospace Science and Technology, 2017, 69: 87-96.

[59] ZHANG P, LIU H H T, LI X, et al. Fault tolerance of cooperative interception using multiple flight vehicles[J]. Journal of the Franklin Institute, 2013, 350(9): 2373-2395.

[60] SU W, LI K, CHEN L. Coverage-based cooperative guidance strategy against highly maneuvering target[J]. Aerospace Science and Technology, 2017, 71: 147-155.

[61] NIKUSOKHAN M, NOBAHARI H. Closed-form optimal cooperative guidance law against random step maneuver[J]. IEEE Transactions on Aerospace and Electronic Systems, 2016, 52(1): 319-336.

[62] SHAFERMAN V, SHIMA T. Cooperative optimal guidance laws for imposing a relative intercept angle[J]. Journal of Guidance, Control, and Dynamics, 2015, 38(8): 1395-1408.

[63] ZHAO J, ZHOU R, DONG Z. Three-dimensional cooperative guidance laws against stationary and maneuvering targets[J]. Chinese Journal of Aeronautics, 2015, 28(4): 1104-1120.

[64] SONG J, SONG S, XU S. Three-dimensional cooperative guidance law for multiple missiles with finite-time convergence[J]. Aerospace Science and Technology, 2017, 67: 193-205.

第一部分
单枚导弹作战的制导与控制一体化设计

第 1 章　预备知识

1.1　重要引理

本书用到的重要引理如下。

引理 1−1[1]：假设存在一个连续非负函数 $V(t)$，其对时间的一阶导数满足不等式 $\dot{V}(t) \leqslant -\alpha V^{\eta}(t)$，其中，$\alpha > 0, 0 < \eta < 1$，且均是常数，则对于任意给定的初始时刻 t_0，当 $t_0 \leqslant t \leqslant t_r$ 时，有 $V^{1-\eta}(t) \leqslant V^{1-\eta}(t_0) - \alpha(1-\eta)(t-t_0)$，当 $t \geqslant t_r$ 时，有 $V(t) = 0$，其中，$t_r = t_0 + \dfrac{V^{1-\eta}(t_0)}{\alpha(1-\eta)}$。

引理 1−1 是用于证明有限时间稳定性的重要引理。

引理 1−2[2]：假设 $a_1, a_2, \cdots, a_n$ 和 p 都是正常数且 $0 < p < 2$，则不等式

$$(a_1^2 + a_2^2 + \cdots + a_n^2)^p \leqslant (a_1^p + a_2^p + \cdots + a_n^p)^2$$

成立。

引理 1−3(比较引理)[3]：假设 $u(t)$ 和 $v(t)$ 都是标量函数，分别满足微分方程 $\dot{u}(t) = f(t, u), u(t_0) = u_0$，和微分不等式 $\dot{v}(t) \leqslant f(t, v), v(t_0) \leqslant u_0$，其中，$f(t, u)$ 对 t 连续，对 u 满足局部利普希茨条件，则有 $v(t) \leqslant u(t), t \geqslant t_0$。

引理 1−4(Barbalat 引理)[4]：假设函数 $e(t)$ 及其一阶导数 $\dot{e}(t)$ 分别满足 $e(t) \in \mathcal{L}^2$ 和 $\dot{e}(t) \in \mathcal{L}^{\infty}$，则有 $\lim\limits_{t \to \infty} e(t) = 0$，其中，$\mathcal{L}^2$ 指所有平方可积函数的集合，$\mathcal{L}^{\infty}$ 指所有本质有界函数的集合。

1.2　滑模控制

在任意一个控制问题中，实际的被控对象和它用于控制器设计的数学

模型之间总是存在偏差,这些偏差主要来源于外部扰动、不确定的系统参数和未建模动态。对于控制设计师而言,在这些扰动和不确定性存在的情况下设计控制器来实现期望的闭环系统性能是一个具有挑战性的任务。这进一步促进了鲁棒控制技术的发展。在这些技术中,滑模控制是处理有界扰动和不确定性的一种有效方法[5]。

滑模控制是一种变结构控制方法。对于系统 $\dot{x}=f(x,u,t)$,滑模控制将系统的运动限制在滑模面 $s=0$ 上。通常选取滑模面为期望的系统行为,一旦系统在滑模面上运动,系统的动态变为滑模面方程,对匹配的系统不确定性和外部扰动具有鲁棒性。即滑模控制的主要特点为:① 滑模变量的精确和有限时间收敛到零;② 对内外扰动的不敏感性。滑模控制对于不确定项仅要求有界,且界事先已知[6]。

用滑模控制解决一个问题通常需要两步。首先,为系统选取滑模面,这是非常重要的一步,因为滑模面决定系统的最终行为。通过滑模面的选取,滑模控制能将一个 n 阶系统的跟踪问题转化为一个一阶系统的镇定问题。第二步是设计控制器,使系统从初始状态到达滑模面,并保持系统状态在滑模面上。只有当系统状态在滑模面上时,系统才能展现期望的行为,因此让系统状态在有限时间到达滑模面是很重要的[6]。

滑模变量是系统状态的函数,根据滑模变量选取的不同,可以将滑模控制分为线性滑模控制和终端滑模控制,下面给出详细介绍。

1.2.1　线性滑模控制

线性滑模控制的滑模变量为系统状态的线性函数。当系统到达滑模面并保持在滑模面上运动时,系统的状态将渐近收敛到零。下面以一个单位质量的物体在直线上运动为例[5]。将物体的位置和速度作为状态变量,即 $x_1=x$ 和 $x_2=\dot{x}$,那么物体的运动可由系统表示为

$$\begin{cases} \dot{x}_1=x_2, & x_1(0)=x_{10} \\ \dot{x}_2=u+f(x_1,x_2,t), & x_2(0)=x_{20} \end{cases} \tag{1-1}$$

其中,u 代表控制力,$f(x_1,x_2,t)$ 代表扰动并假设为有界,即 $|f(x_1,x_2,t)|\leqslant L$。问题是设计反馈控制器 $u=u(x_1,x_2)$ 能推动质量块渐近趋于原点。换句话说,就是设计 $u=u(x_1,x_2)$ 使得状态变量能渐近趋

于零,即 $\lim_{t \to \infty} x_1 = 0, \lim_{t \to \infty} x_2 = 0$。

如果采用线性滑模控制,滑模变量可选取 $\sigma = x_2 + c x_1, c > 0$,使系统能在有限时间到达滑模面并保持在滑模面上运动的控制器为

$$u = -c x_2 - \rho \operatorname{sgn}(\sigma), \quad \rho = L + \frac{\alpha}{\sqrt{2}}, \quad \alpha > 0 \qquad (1-2)$$

其中,$\operatorname{sgn}(\sigma)$ 为滑模变量 σ 的符号函数。

选取李雅普诺夫函数为 $V = \frac{1}{2} \sigma^2$,求 V 的一阶导数并利用控制器 $(1-2)$ 有

$$\dot{V} = \sigma \dot{\sigma} = \sigma(u + f(x_1, x_2, t) + c x_2)$$
$$= \sigma(f(x_1, x_2, t) - \rho \operatorname{sgn}(\sigma)) \leqslant -\alpha V^{1/2}$$

由引理 $1-1$ 可得滑模变量 σ 在有限时间 t_r 收敛到零并一直保持为零,其中 $t_r \leqslant \dfrac{2 V^{1/2}(0)}{\alpha}$。当系统在滑模面上运动时,系统的动态为 $\dot{x}_1 = -c x_1$,因此系统状态 x_1, x_2 将渐近收敛到零。

下面用一个简单的仿真来展示线性滑模控制方法的性能。

例 1-1: 假设系统 $(1-1)$ 中的未知扰动 $f(x_1, x_2, t) = \cos t$,系统状态的初始值为 $x_1(0) = 1, x_2(0) = 1$,仿真曲线包括滑模变量 σ、系统状态 x_1 和 x_2、控制输入 u,见图 $1-1$。

由图 $1-1$ 可以看出,滑模变量 σ 在有限时间收敛到零,系统状态 x_1 和 x_2 渐近收敛到零,控制器 u 出现较大的震颤。

注释 1-1: 滑模控制只对匹配扰动具有不敏感性[5]。若对系统 $(1-1)$ 做如下改动:

$$\begin{cases} \dot{x}_1 = x_2 + \psi(x_1, x_2, t), & x_1(0) = x_{10} \\ \dot{x}_2 = u + f(x_1, x_2, t), & x_2(0) = x_{20} \end{cases}$$

其中,$f(x_1, x_2, t)$ 和 $\psi(x_1, x_2, t)$ 都为未知有界扰动,$f(x_1, x_2, t)$ 称之为匹配扰动,$\psi(x_1, x_2, t)$ 称之为不匹配扰动。控制器 $(1-2)$ 仍能使系统在有限时间 t_r 内到达滑模面 $\sigma = x_2 + c x_1 = 0$ 并保持在滑模面上运动。系统在滑模面上的动态可由以下方程描述:

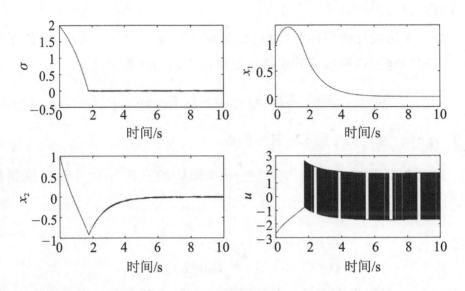

图 1-1　线性滑模控制方法的性能

$$\begin{cases} \dot{x}_1 = x_2 + \psi(x_1, x_2, t), & x_1(t_r) = x_{1r} \\ x_2 = -cx_1 \end{cases}$$

可以看出,扰动 $f(x_1, x_2, t)$ 并不影响系统在滑模面上的运动,然而扰动 $\psi(x_1, x_2, t)$ 却可以阻止系统状态收敛到零。因此滑模控制只对匹配扰动具有不敏感性。

1.2.2　终端滑模控制

在线性滑模控制中,滑模变量为系统状态的线性函数,因此线性滑模控制方法只能使系统状态渐近收敛。为了实现系统状态的有限时间收敛,一些学者提出了终端滑模控制方法。在终端滑模控制中,滑模变量为系统状态的非线性函数。

仍以系统(1-1)为例,终端滑模变量可以选取为 $\sigma = x_2 + \beta x_1^{q/p\,[7]}$,其中,$\beta > 0$ 是待设计的常数,p 和 q 是正奇数且满足 $p > q$。能使滑模变量 σ 在有限时间 t_r 内收敛到零的控制器为

$$u = -\beta \frac{q}{p} x_1^{q/p-1} x_2 - \rho \operatorname{sgn}(\sigma), \quad \rho = L + \frac{\alpha}{\sqrt{2}}, \quad \alpha > 0 \quad (1-3)$$

其中, $t_r \leqslant \dfrac{\sqrt{2}\,|\sigma(0)|}{\alpha}$。系统在滑模面上的动态为

$$\dot{x}_1 = x_2 = -\beta x_1^{q/p} \qquad\qquad (1-4)$$

对式 $(1-4)$ 积分有 $x_1^{\left(1-\frac{q}{p}\right)}(t) - x_1^{\left(1-\frac{q}{p}\right)}(t_r) = -\beta\dfrac{p-q}{p}(t-t_r)$。可以看

出, x_1 能在时刻 t_s 收敛到零,其中 $t_s = t_r + \dfrac{p}{\beta(p-q)}x_1^{1-\frac{q}{p}}(t_r)$。因此,当

系统在滑模面上运动时,状态 x_1 和 x_2 将会在有限时间内收敛到零。观察
控制器 $(1-3)$ 可知,由于 $p>q$,当 $x_1=0$ 且 $x_2\neq 0$ 时,控制器 u 会出现奇
异,这将会导致一个无界的控制信号,即终端滑模控制存在控制输入奇异
问题。为了克服终端滑模控制的奇异问题同时又保持其有限时间收敛性,
文献[7]提出了非奇异终端滑模控制方法。仍以系统 $(1-1)$ 为例,非奇异
终端滑模的滑模变量可选取为 $\sigma = x_1 + \dfrac{1}{\beta}x_2^{p/q}$[7],其中, $\beta>0$ 是待设计的
常数, p 和 q 是正奇数且满足 $1<p/q<2$。文献[7]也给出了滑模变量 σ
在有限时间收敛的证明。

使非奇异终端滑模变量 σ 在有限时间收敛到零的控制器可设计为

$$u = -\beta\frac{q}{p}x_2^{2-p/q} - \rho\,\mathrm{sgn}(\sigma),\quad \rho = L + \frac{\alpha}{\sqrt{2}},\quad \alpha>0 \qquad (1-5)$$

观察控制器 $(1-5)$ 可以发现,由于 $1<p/q<2$,所以控制器 $(1-5)$ 是非奇
异的。当系统在滑模面上运动,即 $\sigma=0$ 时,系统的动态为

$$\dot{x}_1 = -\beta^{\frac{q}{p}}x_1^{\frac{q}{p}} \qquad\qquad (1-6)$$

通过对比式 $(1-4)$ 与式 $(1-6)$ 可以发现,系统在非奇异终端滑模面上的动
态与系统在终端滑模面上动态相似,因此状态变量 x_1 和 x_2 也会在有限时
间收敛到零。

下面用一个简单的仿真来展示非奇异终端滑模控制方法的性能,仍假
设系统 $(1-1)$ 中的未知扰动 $f(x_1,x_2,t)=\cos t$,系统状态的初始值为
$x_1(0)=1, x_2(0)=1$,控制器 $(1-5)$,仿真曲线包括滑模变量 σ,系统状
态 x_1 和 x_2,控制输入 u,见图 $1-2$。

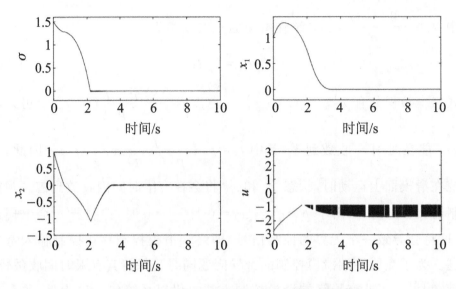

图 1 - 2　非奇异终端滑模控制方法的性能

1.3　消除震颤

在理想情况下,系统会精确收敛到滑模面 $s=0$,然后沿着滑模面运动。然而,这个理想情况是基于假设控制输入能以无穷大的频率切换。但在实际中,系统的硬件只能在一定的频率范围内操作,比如飞行器的气动舵面。因此,在实际情况下,系统不能精确地到达滑模面,而是以一个小量绕滑模面超调,这种现象叫作震颤。震颤通常能毁坏系统硬件,为了去除滑模控制中这种不期望的现象,人们通常会做出修正来最小化或者消除震颤[6]。消除震颤常用的方法有拟滑模法、动态滑模法、高阶滑模法等。

1.3.1　拟滑模法

使控制函数连续或者平滑的一个常用方法就是用一些连续或者平滑的函数来近似不连续的符号函数。比如,可以用边界层函数来近似符号函数,即 $\mathrm{sgn}(\sigma) \approx \dfrac{\sigma}{|\sigma|+\varepsilon}$[5],其中 ε 是正常数,其大小影响着系统的性能和控制函数的连续性,此时控制器(1-2)可以写成

$$u = -cx_2 - \rho\,\frac{\sigma}{|\sigma| + \varepsilon}, \quad \rho = L + \frac{\alpha}{\sqrt{2}}, \quad \alpha > 0 \qquad (1-7)$$

注意:控制器(1-7)不能使滑模变量 σ 在有限时间收敛到零。其实滑模变量和系统状态根本不能收敛到零,而只能收敛到原点的一个邻域内。因此采用拟滑模方法来减小震颤的代价就是鲁棒性和精确性的损失。

下面以一个简单的仿真来展示拟滑模方法的性能,仍假设系统(1-1)中的未知扰动 $f(x_1, x_2, t) = \cos t$,系统状态的初始值为 $x_1(0) = 1$,$x_2(0) = 1$,控制器选取为(1-7),ε 分别取为 0.1 和 0.000 1,仿真曲线包括滑模变量 σ,系统状态 x_1 和 x_2,控制输入 u,见图 1-3。

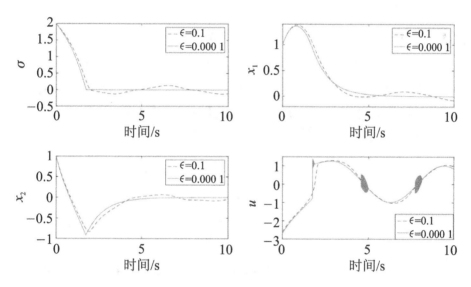

图 1-3　拟滑模控制方法的性能

由图 1-3 可以看出,采用拟滑模方法,控制输入 u 消除了震颤。对比 ε 分别取 0.1 和 0.000 1 时的仿真曲线可以发现,ε 取值越大,稳态误差也越大。

1.3.2　动态滑模法

动态滑模的基本思想是将实际控制输入的一阶导数作为虚拟控制输入。采用滑模控制方法设计虚拟控制输入,实际的控制输入就是高频切换函数的积分,因此是连续的[8]。另外,该方法还要求未知扰动的一阶导数也是有界的。

仍以系统 $(1-1)$ 为例,假设 $|\dot{f}(x_1,x_2,t)|\leqslant\bar{L}$。引入虚拟控制输入 $v=\dot{u}$ 和辅助滑模变量 $s=\dot{\sigma}+\bar{c}\sigma,\bar{c}>0$。当系统在辅助滑模面上运动,即 $s=\dot{\sigma}+\bar{c}\sigma=0$ 时,滑模变量 σ 和系统状态 x_1,x_2 将会渐近收敛到零。

采用滑模控制方法,可得虚拟控制输入为

$$\dot{u}=v=-c\bar{c}x_2-(c+\bar{c})u-\rho\mathrm{sgn}(s),\quad \rho=\bar{L}+(c+\bar{c})L+\frac{\alpha}{\sqrt{2}},\quad \alpha>0$$

实际的控制输入为

$$u(t)=\mathrm{e}^{-(c+\bar{c})t}u(0)-\int_0^t \mathrm{e}^{-(c+\bar{c})(t-\tau)}\left[c\bar{c}x_2(\tau)+\rho\mathrm{sgn}(s(\tau))\right]\mathrm{d}\tau$$

$$(1-8)$$

可以看出,由于积分器的引入,实际控制输入 $u(t)$ 是连续的。

这里做一个简单的仿真来展示动态滑模控制方法的性能,仍假设系统 $(1-1)$ 中的未知扰动 $f(x_1,x_2,t)=\cos t$,系统状态的初始值为 $x_1(0)=1$,$x_2(0)=1$,控制器取为 $(1-8)$,仿真曲线包括滑模变量 σ,系统状态 x_1 和 x_2,控制输入 u,见图 $1-4$。

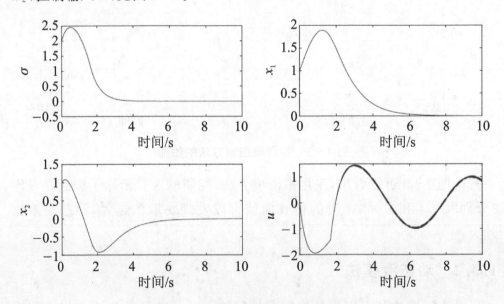

图 $1-4$　动态滑模控制方法的性能

由图 $1-4$ 可以看出,滑模变量 σ,系统状态 x_1 和 x_2 都渐近收敛到零,且控制输入中震颤减小。

1.3.3 高阶滑模法

高阶滑模控制方法是消除震颤的另一种方法。下面仍以系统(1-1)为例,简单地介绍高阶滑模控制方法中的一种——超螺旋控制。

针对系统(1-1)的超螺旋控制器为[5]

$$
\begin{cases}
u = -cx_2 - \rho |\sigma|^{1/2} \mathrm{sgn}(\sigma) - \omega \\
\dot{\omega} = b\,\mathrm{sgn}(\sigma)
\end{cases}
\tag{1-9}
$$

其中,$\rho = 1.5\sqrt{L}$,$b = 1.1L$。

超螺旋控制器(1-9)可使滑模变量 σ 在有限时间内收敛到零[5]。通过观察超螺旋控制器(1-9)可知,由于 $\rho |\sigma|^{1/2}\mathrm{sgn}(\sigma)$ 和 $b\int \mathrm{sgn}(\sigma)\mathrm{d}t$ 都是连续的,超螺旋控制器(1-9)也是连续的,所以控制输入消除了震颤。

将超螺旋控制器(1-9)应用到系统(1-1)中进行简单的仿真,假设未知扰动 $f(x_1,x_2,t) = \cos t$,系统状态的初始值为 $x_1(0)=1$,$x_2(0)=1$。仿真曲线包括滑模变量 σ,系统状态 x_1 和 x_2,控制输入 u,见图1-5。

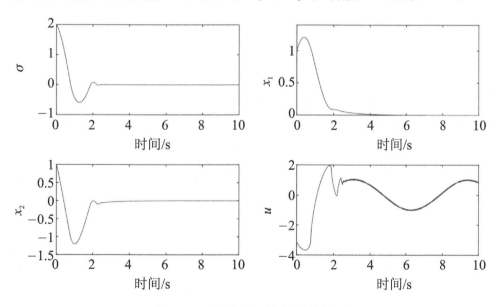

图1-5 高阶滑模控制法的性能

由图1-5可以看出,滑模变量 σ,系统状态 x_1 和 x_2 都在有限时间收敛到零且控制输入消除了震颤。

1.4　等价控制输入

定义1-1：等价控制指当系统到达滑模面后能保持系统在滑模面上运动的控制函数[5]。

实际的控制输入通常包含两部分：低频部分和高频部分。等价控制就是实际控制输入中的低频部分，它是一个不包含任何高频信号的连续函数[9]。

下面以线性滑模控制器(1-2)为例，简单地介绍等价控制的计算和估计。等价控制 u_{eq} 是使滑模变量的一阶导数等于零的输入，因此令

$$\dot{\sigma} = cx_2 + f(x_1, x_2, t) + u_{eq} = 0$$

解上面方程有

$$u_{eq} = -cx_2 - f(x_1, x_2, t) \tag{1-10}$$

由式(1-10)可以看出，等价控制 u_{eq} 中出现了未知扰动项 $f(x_1, x_2, t)$，因此等价控制 u_{eq} 不能实现。文献[5]给出了等价控制的估计方法。考虑到等价控制描述的是控制器(1-2)的平均效果，高频切换项 $\rho \operatorname{sgn}(\sigma)$ 的平均值又可通过一个低通滤波器来获得，因此等价控制可由下式来估计[5]

$$\hat{u}_{eq} = -cx_2 - \mathrm{LPF}(\rho \operatorname{sgn}(\sigma)), \quad t \geqslant t_r$$

其中，$\hat{u}_{eq}$ 为等价控制 u_{eq} 的估计，LPF 指低通滤波器，t_r 为系统到达滑模面的时刻。低通滤波器可由一阶微分方程实现：

$$\tau \dot{z} = -z + \rho \operatorname{sgn}(\sigma)$$

其中，τ 为小的正常数，代表了滤波器的时间常数；$\rho \operatorname{sgn}(\sigma)$ 为滤波器的输入；z 为滤波器的输出。此等价控制(1-10)又可近似为

$$\hat{u}_{eq} = -cx_2 - z, \quad t \geqslant t_r$$

当 τ 充分小但比计算机的采样时间大时，就能实现等价控制的精确近似[10]。

1.5　常用坐标系

刚体飞行器的空间运动可以分为两部分：质心运动和绕着质心的运

动。描述任何时刻的空间运动需要六个自由度(三个质心运动和三个角运动)。当飞行器在大气中高速飞行时,其上作用着重力、发动机的推力以及极大的空气动力和气动力矩。这些力和力矩产生的原因是各不相同的,因此,如何选择合适的坐标系来方便确切地描述飞行器的空间运动状态是非常重要的。例如,选择地面坐标系来描述飞行器的重力是比较方便的,发动机的推力在机体坐标系中描述是很合适的,而空气动力在气流坐标系中描述就非常方便。由此可见,合理地选择不同的坐标系来定义和描述飞行器的各类运动参数,是建立飞行器运动模型、进行飞行控制系统分析和设计的重要环节之一。在通常情况下,由于飞行器运动模型的参数是定义在不同坐标系上的,因此在建模过程中通过坐标系变换进行向量的投影分解是不可避免的[11]。本节将介绍各种坐标系及坐标系之间的转换方法。

1.5.1　常用坐标系的定义

常用坐标系及建立方法有以下几种。

① 地面坐标系 $o_g x_g y_g z_g$ [11]:在地面上选一点 o_g 为原点,使 $o_g x_g$ 轴在水平面内并指向某一方向,$o_g z_g$ 轴垂直于地面并指向地心,$o_g y_g$ 轴也在水平面内并垂直于 $o_g x_g$ 轴,其指向按照右手定则确定。

② 机体坐标系 $oxyz$ [11]:原点 o 取在飞行器质心处,坐标系与飞行器固连,ox 轴在飞行器对称平面内并平行于飞行器的设计轴线指向头部,oy 轴垂直于飞行器对称平面指向机身右方,oz 轴在飞行器对称平面内,与 ox 轴垂直并指向机身下方。

③ 气流坐标系 $ox_a y_a z_a$ [11]:原点 o 取在飞行器质心处,坐标系与飞行器固连,ox_a 轴与飞行速度 $\boldsymbol{V}$ 重合一致,oz_a 轴在飞行器对称平面内与 ox_a 轴垂直并指向机腹下方,oy_a 轴垂直于 $ox_a z_a$ 平面并指向机身右方。

④ 航迹坐标系 $ox_k y_k z_k$ [11]:原点 o 取在飞行器质心处,坐标系与飞行器固连,ox_k 轴与飞行速度 $\boldsymbol{V}$ 重合一致,oz_k 轴位于包含飞行速度 $\boldsymbol{V}$ 在内的铅垂面内,与 ox_k 轴垂直并指向下方,oy_k 轴垂直于 $ox_k z_k$ 平面,其指向按照右手定则确定。

1.5.2　飞行器的运动参数

1. 姿态角

飞行器的姿态角是由机体坐标系与地面坐标系之间的关系确定的,即通常所指的欧拉角[11],包括:

① 俯仰角 θ:机体轴 ox 与水平面间夹角,抬头为正。

② 偏航角 ψ:机体轴 ox 在水平面上的投影与地轴 $o_g x_g$ 间夹角,机头右偏航为正。

③ 滚转角 φ:机体轴 oz 与通过机体轴 ox 的铅垂面间夹角,飞行器向右滚转时为正。

2. 航迹角

飞行器的航迹角是由气流坐标系与地面坐标系之间的关系确定的[11],包括:

① 航迹倾斜角 μ:飞行速度矢量 $\boldsymbol{V}$ 与水平面间的夹角,飞行器向上飞时为正。

② 航迹方位角 φ:飞行速度矢量 $\boldsymbol{V}$ 在水平面上的投影与地轴 $o_g x_g$ 间的夹角,投影在 $o_g x_g$ 轴右方为正。

3. 气流角

气流角是由飞行速度矢量与机体坐标系之间的关系确定的,包括:

① 攻角 α:飞行速度矢量 $\boldsymbol{V}$ 在飞行器对称平面上的投影与机体轴 ox 间的夹角,$\boldsymbol{V}$ 的投影在机体轴 ox 下面为正。

② 侧滑角 β:飞行速度矢量 $\boldsymbol{V}$ 与飞行器对称平面间的夹角,$\boldsymbol{V}$ 的投影在飞行器对称面右侧为正。

4. 机体坐标系的角速度分量

机体坐标系的三个角速度分量 p,q,r 是机体坐标系相对于地轴系的转动角速度 ω 在机体坐标系各轴上的分量[11],具体为

① 滚转角速度 p:与机体轴 ox 重合一致。

② 俯仰角速度 q:与机体轴 oy 重合一致。

③ 偏航角速度 r:与机体轴 oz 重合一致。

5. 机体坐标系的速度分量

机体坐标系的三个速度分量 u,v,w 是飞行速度 $\boldsymbol{V}$ 在机体坐标系各轴上的分量[11]，具体为：

① u：与机体轴 ox 重合一致。

② v：与机体轴 oy 重合一致。

③ w：与机体轴 oz 重合一致。

1.5.3　坐标系转换

为了建立飞行器的运动方程，需要将作用在不同坐标系中的力统一到选定的坐标系中，并由此可以建立沿着各个轴向的力的方程以及绕着各轴的力矩方程。本小节需要用到的是地面坐标系与机体坐标系之间的转换[11]。

地面坐标系到机体坐标系的转换矩阵为

$$\boldsymbol{T}=\begin{bmatrix} \cos\theta\cos\psi & \cos\theta\sin\psi & -\sin\theta \\ \sin\theta\cos\psi\sin\phi-\sin\psi\cos\phi & \sin\theta\sin\psi\sin\phi+\cos\psi\cos\phi & \cos\theta\sin\phi \\ \sin\theta\cos\psi\cos\phi+\sin\psi\sin\phi & \sin\theta\sin\psi\cos\phi-\cos\psi\sin\phi & \cos\theta\cos\phi \end{bmatrix}$$

所以地面坐标系与机体坐标系之间的转换满足方程 $\boldsymbol{X}_{b}=\boldsymbol{T}\boldsymbol{X}_{e}$ 和 $\boldsymbol{X}_{e}=\boldsymbol{T}^{T}\boldsymbol{X}_{b}$。

1.6　本章小结

本章主要介绍了后续章节将要用到的重要引理、滑模控制法、震颤消除法、等价控制输入以及常用的各种坐标系，为后续内容的展开做铺垫。

参考文献

[1] BHATS P, BERNSTEIN D S. Geometric homogeneity with applications to finite-time stability[J]. Mathematics of Control, Signals and Systems, 2005, 17(2): 101-127.

[2] YU S, YU X, SHIRINZADEH B, MAN Z. Continuous finite-time con-

trol for robotic manipulators with terminal sliding mode[J]. Automatica, 2005, 41(11): 1957-1964.

[3] KHALILH K. Nonlinear systems[M]. 3rd ed. Beijing: Publishing House of Electronics Industry, 2007.

[4] TAO G. A simple alternative to the barbalat lemma[J]. IEEE Transactions on Automatic Control, 1997, 42(5): 698.

[5] SHTESSEL Y, EDWARDS C, FRIDMAN L, et al. Sliding mode control and observation[M]. New York: Springer New York, 2014.

[6] HARL N, BALAKRISHNAN S N, PHILLIPS C. Sliding mode integrated missile guidance and control: Proceedings of AIAA Guidance, Navigation, and Control Conference, August 2-5, 2010[C]. Toronto, Canada: AIAA, 2012.

[7] FENG Y, YU X, MAN Z. Non-singular terminal sliding mode control of rigid manipulators[J]. Automatica, 2002, 38(12): 2159-2167.

[8] CHEN M, YANG F. An LTR-observer-based dynamic sliding mode control for chattering reduction[J]. Automatica, 2007, 43(6): 1111-1116.

[9] UTKIN V I . Sliding modes in control and optimization[M]. Berlin: Springer Berlin Heidelberg, 1992.

[10] HASKARA I, UTKIN V, OZGUNER U. On sliding mode observers via equivalent control approach[J]. International Journal of Control, 2010, 71(6): 1051-1067.

[11] 吴森堂. 飞行控制系统[M]. 北京: 北京航空航天大学出版社, 2013.

第 2 章 二维平面有限时间的制导与控制一体化设计

2.1 引 言

滑模控制是一种直接、简单的鲁棒控制技术,由于其具有好的鲁棒性而被广泛应用于控制器设计[1]。滑模控制根据选取的滑模变量的不同可以分为传统线性滑模控制和终端滑模控制。传统线性滑模控制的滑模变量为跟踪误差及其导数的线性函数[2][3],当系统在滑模面上运动时,跟踪误差渐近收敛到零。终端滑模控制的滑模变量为跟踪误差及其导数的非线性函数,当系统在滑模面上运动时,跟踪误差能在有限时间收敛到零[4][5]。然而终端滑模控制存在控制输入奇异的问题,不能保证控制输入是有界的。随后又出现了非奇异终端滑模控制[6][7][8][9]。非奇异终端滑模控制的滑模变量也为跟踪误差及其导数的非线性函数,但与终端滑模变量不同。非奇异终端滑模控制不仅能使系统状态在滑模阶段以有限时间收敛到零,而且能避免控制输入的奇异。然而非奇异终端滑模控制[6]只适用于二阶积分系统。

本章设计了一种自适应非奇异终端滑模控制器。该控制器能使系统在有限时间收敛到滑模面,当系统沿滑模面运动时,系统状态能在有限时间收敛到零。由于在控制器中引入了切换,设计的控制器避免了奇异。另外,由于引入自适应律,设计的方法不需要明确已知扰动的界。最后,将设计的控制器应用到导弹拦截的制导与控制一体化设计中。

在拦截低速目标时,同拦截器相比目标通常移动缓慢,因此可用的调节时间相对较长。在这种情形下,传统的三环结构通常是有效的。然而当拦截高速目标例如弹道导弹时,拦截时间通常很短,如果整个调节时间比拦截时间要长,就会导致大的脱靶量。并且由于目标速度比拦截器的速度大,拦截器只有一次机会拦截目标,因此需要尽可能地降低各个环之间的时间延迟。在这种情形下,传统的三环结构通常不是有效的。另外在传统的设计中,制导和控制是彼此解耦的,即使每个环是最优的,整体也可能达不到期望的性能,这通常要求过量的设计迭代以优化整体性能[10]。制导与控制一体化设计由于其能充分考虑制导环与控制环之间的协调关系,避免两环之间的延迟,避免大量的设计迭代,已得到越来越多研究者的关注。

拦截器的飞行轨迹通常分为三个阶段,包括上升,中间和末端[10]。在这三个阶段中,末端制导是非常关键的。在末端,要设计制导与控制器校正前两个阶段产生的残留误差,从而保证精确的拦截。因为末端的拦截时间很短,如果能保证误差在有限时间内收敛,就能加强拦截精度。编者通过查阅文献,发现大部分的制导与控制一体化设计[11]~[20]只能保证误差的渐近收敛,因此将能实现有限时间收敛的终端滑模控制同制导与控制一体化思想相结合并应用到导弹拦截中,具有很大的意义。考虑到在拦截过程中,目标的速度、加速度等信息是很难测量的,目标加速度的界也是很难获得的,即使能事先已知,也只能得到保守的界,会导致控制器的增益过大,编者在控制器中引入了自适应律,因此不需要明确已知目标加速度的界。

为了避免高阶系统的出现,本章采用具有两环结构的部分制导与控制一体化设计。外环以俯仰角速率为虚拟控制输入,设计俯仰角速率指令以实现精确拦截;内环设计升降舵偏转量,使得实际的俯仰角速率跟踪上外环产生的俯仰角速率指令。最后通过仿真来验证设计的控制器的性能。

2.2　模型及问题描述

假设导弹和目标在同一平面内运动,它们的速度大小保持不变。导弹和目标的相对运动示意图如图 2-1 所示,图 2-1 中,M 代表导弹;T 代表目标;V_M,n_L 和 γ_M 分别代表导弹的速度、加速度和航迹倾斜角;V_T,A_T 和 γ_T 分别代表目标的速度、加速度和航迹倾斜角;λ 代表视线角,视线角是指视线和参考线之间的夹角,视线是导弹与目标的连线。

图 2-1 所示的弹目相对运动动态可由微分方程组表示为[23]

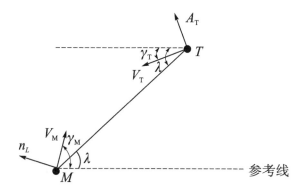

图 2 - 1　导弹和目标的相对运动示意图

$$\begin{cases} \dot{r} = V_r \\ \dot{V}_r = \dfrac{V_\lambda^2}{r} + A_{\mathrm{Tr}} - \sin(\lambda - \gamma_{\mathrm{M}}) n_{\mathrm{L}} \\ \dot{\lambda} = \dfrac{V_\lambda}{r} \\ \dot{V}_\lambda = -\dfrac{V_\lambda V_r}{r} + A_{\mathrm{T}\lambda} - \cos(\lambda - \gamma_{\mathrm{M}}) n_{\mathrm{L}} \end{cases}$$

其中, r 代表导弹和目标之间的相对距离; V_r 和 V_λ 分别代表弹目的切向和法向相对速度分量; A_{Tr} 和 $A_{\mathrm{T}\lambda}$ 分别代表目标的切向和法向加速度分量。

　　由于假设导弹和目标在同一平面内运动,因此只考虑导弹纵向通道模型。忽略重力和导弹纵向通道与横侧通道之间的耦合,导弹纵向非线性模型可表示为[21]

$$\begin{cases} \dot{\alpha} = q + \dfrac{-F_x \sin \alpha + F_z \cos \alpha}{mV} \\ \dot{V} = \dfrac{F_x \cos \alpha + F_z \sin \alpha}{m} \\ \dot{q} = \dfrac{M}{I_{yy}} \\ \dot{\theta} = q \\ \dot{n}_{\mathrm{L}} = \dfrac{-n_{\mathrm{L}} + Vq}{T_\alpha} \\ \gamma_{\mathrm{M}} = \theta - \alpha \end{cases}$$

其中，F_x 和 F_z 代表气动力，M 代表气动俯仰力矩，其具体表达式为

$$F_x = k_F \rho V^2 c_x(\alpha), \qquad\qquad F_z = k_F \rho V^2 c_z(\alpha, M_m)$$

$$M = k_M \rho V^2 c_m(\alpha, M_m, \delta_e), \qquad c_z(\alpha, M_m) = c_{z1}(\alpha) + c_{z2}(\alpha) M_m$$

$$c_m(\alpha, M_m, \delta_e) = c_{m0}(\alpha, M_m) + c_m^{\delta_e} \delta_e, \quad c_{m0}(\alpha, M_m) = c_{m1}(\alpha) + c_{m2}(\alpha) M_m$$

$\alpha, V, q, \theta, n_L$ 和 γ_M 分别代表导弹的攻角、速率（导弹速度 V_m 的幅值）、俯仰角速率、俯仰角、加速度和航迹倾斜角；I_{yy} 代表导弹的转动惯量；m 代表导弹的质量；ρ 代表大气密度；k_F 和 k_M 代表与导弹几何特性相关的常数；M_m 代表马赫数；δ_e 代表升降舵偏转量；$c_m^{\delta_e}$ 代表俯仰力矩对升降舵的气动导数；$T_\alpha = \dfrac{\alpha}{\dot{\gamma}_M}$，同文献[23]相似，此处也假设 T_α 为常值。气动系数 $c_x(\alpha)$，$c_{z1}(\alpha)$，$c_{z2}(\alpha)$，$c_{m1}(\alpha)$，$c_{m2}(\alpha)$ 由仿射函数定义[21]：

$$\begin{cases} c_x(\alpha) = -0.57 + 0.008\,3\alpha \\ c_{z1}(\alpha) = -0.001\,5\alpha^3 + 0.012\,5\alpha^2 - 0.505\,2\alpha + 0.042\,9 \\ c_{z2}(\alpha) = 0.000\,6\alpha^3 - 0.013\,8\alpha^2 + 0.123\,0\alpha - 0.019\,1 \\ c_{m1}(\alpha) = -0.005\,5\alpha^3 + 0.213\,1\alpha^2 - 2.741\,9\alpha - 0.038\,1 \\ c_{m2}(\alpha) = 0.001\,4\alpha^3 - 0.062\,3\alpha^2 + 0.871\,5\alpha - 0.404\,1 \end{cases}$$

本章做如下假设：

假设 2 - 1： 导弹的状态变量 $\alpha, V, q, \theta, n_L, \gamma_M$ 都是可用的。

假设 2 - 2： 同文献[22]相似，假设拦截器装备有主动雷达寻的头，能测量 $r, V_r, \lambda, \dot{\lambda}$。由 $V_\lambda = r\dot{\lambda}$ 可知，V_λ 也是可用的。

假设 2 - 3： 在实际中，由于目标具有一定的尺寸，只要导弹与目标之间的相对距离 r 位于区间 $r \in [r_{min}, r_{max}]$，我们就认为实现了精确的拦截[3][19]。其中，r_{min}, r_{max} 与导弹和目标的尺寸有关。因此，在整个拦截过程中，不等式 $r^0 \leqslant r(t) \leqslant r(0)$，$r^0 \in [r_{min}, r_{max}]$ 成立，其中 $r(0)$ 是弹目初始相对距离。

假设 2 - 4： 同文献[3][23][24]相似，假设 $A_{T\lambda}(t)$ 是可微的，并且 $A_{Tr}, A_{T\lambda}, \dot{A}_{T\lambda}$ 是有界的，即 $|A_{Tr}| \leqslant A_{Tr}^{max}$，$|A_{T\lambda}| \leqslant A_{T\lambda}^{max}$，$|\dot{A}_{T\lambda}| \leqslant \dot{A}_{T\lambda}^{max}$，其中 $A_{Tr}^{max}, A_{T\lambda}^{max}$ 和 $\dot{A}_{T\lambda}^{max}$ 是未知的常值。

假设 2 - 5： 同文献[3][23][24]相似，假设 V_λ 和 V_r 是有界的，即

$|V_\lambda| \leqslant V_\lambda^{\max}, |V_r| \leqslant V_r^{\max}$,其中 $V_\lambda^{\max}$ 和 $V_r^{\max}$ 是未知的常值。

2.3　有限时间控制器

考虑如下二阶系统:

$$\begin{cases} \dot{x}_1 = x_2 \\ \dot{x}_2 = f(\boldsymbol{x},t) + b(\boldsymbol{x},t)u + d(\boldsymbol{x},t) \end{cases} \quad (2-1)$$

其中,$\boldsymbol{x} = [x_1, x_2]^{\mathrm{T}}$ 是系统的状态向量;u 是系统的控制输入;$f(\boldsymbol{x},t)$ 和 $b(\boldsymbol{x},t) \neq 0$ 是已知的标量函数;$d(\boldsymbol{x},t)$ 是有界扰动,即 $|d(\boldsymbol{x},t)| \leqslant d_{\max}$, $d_{\max}$ 是未知常值。

采用的滑模变量为终端滑模变量,即

$$s = x_2 + \alpha |x_1|^\rho \mathrm{sgn}(x_1) \quad (2-2)$$

其中,$\frac{1}{2} < \rho < 1$ 和 $\alpha > 0$ 是待设计的常数,$\mathrm{sgn}(\cdot)$ 代表符号函数。

设计的控制器为

$$u = b(\boldsymbol{x},t)^{-1}(-f(\boldsymbol{x},t) - \hat{d}_{\max}\sigma\mathrm{sgn}(s) - \lambda(x_1)x_2 - k|s|^\gamma\mathrm{sgn}(s))$$

$$(2-3)$$

其中,$\lambda(x_1) = \begin{cases} 0, & \text{如果 } x_1 = 0 \text{ 且 } s \neq 0 \\ \alpha\rho|x_1|^{\rho-1}, & \text{否则} \end{cases}$; $0 < \gamma < 1, \sigma \geqslant 1$ 和 $k > 0$

是待设计的常数;$\hat{d}_{\max}$ 由自适应律确定

$$\dot{\hat{d}}_{\max} = \sigma|s| \quad \hat{d}_{\max}(0) > 0 \quad (2-4)$$

下面给出本节的主要结果。

定理 2-1: 考虑系统(2-1),采用终端滑模变量(2-2)的情况下,提出的自适应控制器(2-3)(2-4)能使系统的状态在有限时间内收敛到零。

证明 2-1: 证明定理 2-1。

证明过程如下。

首先证明滑模变量能在有限时间内收敛到零。

对滑模变量 s 求一阶导数有

$$\dot{s} = \dot{x}_2 + \alpha\rho|x_1|^{\rho-1}x_2 \quad (2-5)$$

当 $x_1 \neq 0$ 时，将式(2-1)和提出的控制器(2-3)代入式(2-5)有

$$\dot{s} = d(x,t) - \hat{d}_{\max}\sigma \, \mathrm{sgn}(s) - k|s|^{\gamma}\mathrm{sgn}(s) \qquad (2-6)$$

当 $x_1 = 0$ 时，滑模变量可以写成 $s = x_2$，其一阶导数为

$$\dot{s} = \dot{x}_2 = f(\boldsymbol{x},t) + b(\boldsymbol{x},t)u + d(\boldsymbol{x},t) \qquad (2-7)$$

将控制器(2-3)代入式(2-7)，可以发现式(2-6)仍然成立。

其次，令 $\tilde{d}_{\max} = d_{\max} - \hat{d}_{\max}$，考虑李雅普诺夫函数 $V_1 = \dfrac{1}{2}s^2 + \dfrac{1}{2}\tilde{d}_{\max}^2$，其一阶导数为

$$\dot{V}_1 = s\dot{s} + \tilde{d}_{\max}\dot{\tilde{d}}_{\max} =$$
$$d(\boldsymbol{x},t)s - \hat{d}_{\max}\sigma|s| - k|s|^{\gamma+1} - \tilde{d}_{\max}\sigma|s| \leqslant$$
$$d_{\max}|s|(1-\sigma) - k|s|^{\gamma+1} \leqslant$$
$$-k|s|^{\gamma+1} \leqslant 0$$

因此，$V_1(t) = \dfrac{1}{2}s^2 + \dfrac{1}{2}\tilde{d}_{\max}^2 \leqslant V_1(0)$，由此得到 $s \in \mathcal{L}_\infty$，$\tilde{d}_{\max} \in \mathcal{L}_\infty$，其中 $\mathcal{L}_\infty$ 指所有本质有界函数的集合。

然后，考虑李雅普诺夫函数 $V_2 = \dfrac{1}{2}s^2$，其一阶导数为

$$\dot{V}_2 = s\dot{s} \leqslant (d_{\max} - \hat{d}_{\max}\sigma)|s| - k|s|^{\gamma+1}$$

考虑到 $\hat{d}_{\max}(0) > 0$ 和 $\dot{\hat{d}}_{\max} = \sigma|s| \geqslant 0$，又有 $\hat{d}_{\max}(t) \geqslant \hat{d}_{\max}(0) > 0 (t \geqslant 0)$，因此 $\hat{d}_{\max}(t)\sigma \geqslant \hat{d}_{\max}(0)\sigma$。如果选取 σ 和 $\hat{d}_{\max}(0)$ 分别满足

$$\sigma \geqslant \frac{\sqrt{s^2(0) + n\hat{d}_{\max}^2(0)}}{\hat{d}_{\max}(0)} + 1, \quad \hat{d}_{\max}(0) \geqslant \frac{\sqrt{n}-1}{n-1}d_{\max}$$

其中，$n > 1$。则有

$$d_{\max} - \hat{d}_{\max}(t)\sigma \leqslant d_{\max} - \hat{d}_{\max}(0)\sigma \leqslant$$
$$d_{\max} - \sqrt{s^2(0) + n\hat{d}_{\max}^2(0)} - \hat{d}_{\max}(0) =$$
$$\tilde{d}_{\max}(0) - \sqrt{s^2(0) + n\hat{d}_{\max}^2(0)} \leqslant$$
$$|\tilde{d}_{\max}(0)| - \sqrt{s^2(0) + n\hat{d}_{\max}^2(0)} =$$

$$\sqrt{\tilde{d}^2_{\max}(0)} - \sqrt{s^2(0) + n\hat{d}^2_{\max}(0)} \leqslant$$

$$\sqrt{n\hat{d}^2_{\max}(0)} - \sqrt{s^2(0) + n\hat{d}^2_{\max}(0)} \leqslant 0$$

因此, $\dot{V}_2$ 可进一步写为

$$\dot{V}_2 \leqslant -k|s|^{\gamma+1} = -k2^{(\gamma+1)/2}V_2^{(\gamma+1)/2}$$

根据第 1 章的引理 1-1 有,系统能在有限时间 t_{s1} 收敛到滑模面,其中
$t_{s1} \leqslant t_0 + \dfrac{V_2(t_0)^{(1-\gamma)/2}}{k(1-\gamma)2^{(\gamma-1)/2}}, t_0$ 为初始时刻。即当 $t \geqslant t_{s1}$ 时, $s(t) = 0$。

　　最后,证明当系统沿滑模面运动时,系统状态能在有限时间内收敛到零。

　　在滑模面上, $s=0$,即 $x_2 = -\alpha|x_1|^\rho \mathrm{sgn}(x_1)$,此时系统的动态为 $\dot{x}_1 = -\alpha|x_1|^\rho \mathrm{sgn}(x_1)$。考虑李雅普诺夫函数 $V_3 = \dfrac{1}{2}x_1^2$,求一阶导数有

$$\dot{V}_3 = x_1\dot{x}_1 = -\alpha|x_1|^{\rho+1} = -\alpha2^{(\rho+1)/2}V_3^{(\rho+1)/2}$$

根据第 1 章的引理 1-1 有,系统状态能在有限时间 t_{s2} 收敛到原点, $t_{s2} = t_{s1} + \dfrac{V_3(t_{s1})^{(1-\rho)/2}}{\alpha(1-\rho)2^{(\rho-1)/2}}$,其中 t_{s1} 是系统到达滑模面的时刻。

　　注释 2-1:由于控制器(2-3)中引入了切换函数 $\lambda(x_1)$,所以提出的控制器(2-3)是非奇异的。

　　注释 2-2:注意到控制器(2-3)中的切换函数 $\lambda(x_1)$ 在 $x_1=0$ 处是不连续的,可以做如下修正来保证切换的连续性。

$$\lambda(x_1) = \begin{cases} \alpha\rho|x_1|^{\rho-1}, & |x_1| \geqslant \varepsilon \text{ 且 } s \neq 0 \\ \alpha\rho\varepsilon^{\rho-2}x_1, & 0 \leqslant x_1 < \varepsilon \text{ 且 } s \neq 0 \\ -\alpha\rho\varepsilon^{\rho-2}x_1, & -\varepsilon < x_1 < 0 \text{ 且 } s \neq 0 \end{cases}$$

其中, ε 是充分小的正常数。可以验证,修正后的控制器是连续的。

2.4　制导与控制一体化设计

　　本节首先介绍拦截策略,然后推导制导与控制一体化模型,最后将提出的控制器应用到所得到的一体化模型上,进行制导与控制一体化设计。

2.4.1　拦截策略

本小节采用的拦截策略为 $V_\lambda \to c_0\sqrt{r}$，其中，$c_0$ 是待设计的正常数。令 $\sigma = V_\lambda - c_0\sqrt{r}$，那么拦截策略可表示为 $\sigma \to 0$。所采用的拦截策略的有效性见参考文献[23]。

考虑到导弹平移动态与旋转动态之间存在时间分离，在这里采用具有两环结构的部分制导与控制一体化设计方法。外环使用俯仰速率指令 q_c 作为虚拟控制输入，外环的目标是设计 q_c 使得 σ 在有限时间内趋于零。内环的目标是设计升降舵偏转量 δ_e 使得俯仰速率 q 在有限时间内跟踪上外环产生的俯仰速率指令 q_c。内外环的关系如图 2-2 所示。

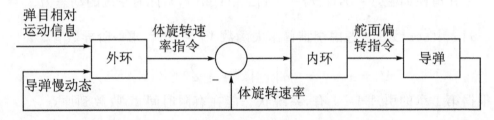

图 2-2　部分制导与控制一体化内外环关系图

2.4.2　制导与控制一体化模型

对 σ 微分直到虚拟控制输入 q_c 出现，可得外环一体化模型

$$\begin{cases}\dot{x}_1 = x_2 \\ \dot{x}_2 = f_1 + b_1 q_c + \Delta\end{cases} \tag{2-8}$$

其中，

$$x_1 = \sigma$$
$$x_2 = \dot{\sigma}$$

$$f_1 = -\frac{V_\lambda^3}{r^2} + \frac{2V_\lambda \sin(\lambda - \gamma_M)n_L}{r} - \frac{c_0 V_\lambda^2}{2r^{\frac{3}{2}}} +$$

$$\frac{c_0 \sin(\lambda - \gamma_M)n_L}{2\sqrt{r}} + \frac{V_r \cos(\lambda - \gamma_M)n_L}{r} +$$

$$\frac{2V_r^2 V_\lambda}{r^2} + \frac{\cos(\lambda - \gamma_M)n_L}{T_a} + \frac{c_0 V_r^2}{4r^{\frac{3}{2}}} -$$

$$\frac{\sin(\lambda - \gamma_M)n_L(F_x \sin\alpha - F_z \cos\alpha)}{mV}$$

$$b_1 = -\frac{\cos(\lambda - \gamma_M)V}{T_a}$$

$$\Delta = \boldsymbol{g} \cdot \boldsymbol{d}, \boldsymbol{g} = \begin{bmatrix} 1 & -\left(\dfrac{V_\lambda}{r} + \dfrac{c_0}{2\sqrt{r}}\right) & -\dfrac{V_r}{r} \end{bmatrix}$$

$$\boldsymbol{d}^{\mathrm{T}} = \begin{bmatrix} \dot{A}_{T\lambda} & A_{Tr} & A_{T\lambda} \end{bmatrix}$$

令俯仰速率跟踪误差 $e = q_c - q$，$e_1 = \int_0^t e(\tau)\mathrm{d}\tau$ 和 $e_2 = e(t)$，则内环一体化模型为

$$\begin{cases} \dot{e}_1 = e_2 \\ \dot{e}_2 = f_2 + b_2 \delta_e \end{cases} \tag{2-9}$$

其中，$f_2 = -\dfrac{k_M \rho V^2 c_{m0}}{I_{yy}} + \dot{q}_c$，$b_2 = -\dfrac{k_M \rho V^2 c_m^{\delta_e}}{I_{yy}}$。

假设 2 - 6： 假设舵面执行器反应速率很快，因此在制导与控制一体化设计中不考虑执行器模型[25]。

2.4.3　制导与控制一体化设计

将定理 2 - 1 分别应用到 2.4.2 小节得到的外环一体化模型(2 - 8)和内环一体化模型(2 - 9)中，可设计外环俯仰角速率指令和内环升降舵偏转指令分别为

$$\begin{cases} q_c = b_1^{-1}(-f_1 - \hat{\Delta}_{max}\tau\,\mathrm{sgn}(s_1) - \lambda_1(x_1)x_2 - k_1 |s_1|^{\gamma_1}\mathrm{sgn}(s_1)) \\ \dot{\hat{\Delta}}_{max} = \tau |s_1| \quad (\hat{\Delta}_{max}(0) > 0) \\ \delta_e = b_2^{-1}(-f_2 - \lambda_2(e_1)e_2 - k_2 |s_2|^{\gamma_2}\mathrm{sgn}(s_2)) \end{cases}$$

其中，$s_1 = x_2 + \alpha_1 |x_1|^{\rho_1}\mathrm{sgn}(x_1)$，$s_2 = e_2 + \alpha_2 |e_1|^{\rho_2}\mathrm{sgn}(e_1)$，$0 < \gamma_1 < 1, \tau \geqslant 1$，$k_1 > 0, \alpha_1 > 0, 1/2 < \rho_1 < 1; 0 < \gamma_2 < 1, k_2 > 0, \alpha_2 > 0, 1/2 < \rho_2 < 1$ 是待设计的常数。

$$\lambda_1(x_1)=\begin{cases}0, & \text{如果 } x_1=0 \text{ 且 } s_1\neq0\\ \alpha_1\rho_1\,|x_1|^{\rho_1-1}, & \text{否则}\end{cases}$$

$$\lambda_2(e_1)=\begin{cases}0, & \text{如果 } e_1=0 \text{ 且 } s_2\neq0\\ \alpha_2\rho_2\,|e_1|^{\rho_2-1}, & \text{否则}\end{cases}$$

如果采用连续的切换,则 $\lambda_1(x_1)$ 和 $\lambda_2(e_1)$ 可分别修正为

$$\lambda_1(x_1)=\begin{cases}\alpha_1\rho_1\,|x_1|^{\rho_1-1}, & |x_1|\leqslant\varepsilon_1 \text{ 且 } s_1\neq0\\ \alpha_1\rho_1\varepsilon_1^{\rho_1-2}x_1, & 0\leqslant x_1<\varepsilon_1 \text{ 且 } s_1\neq0\\ -\alpha_1\rho_1\varepsilon_1^{\rho_1-2}x_1, & -\varepsilon_1<x_1<0 \text{ 且 } s_1\neq0\end{cases}$$

$$\lambda_2(e_1)=\begin{cases}\alpha_2\rho_2\,|e_1|^{\rho_2-1}, & |e_1|\geqslant\varepsilon_2 \text{ 且 } s_2\neq0\\ \alpha_2\rho_2\varepsilon_2^{\rho_2-2}e_1, & 0\leqslant e_1<\varepsilon_2 \text{ 且 } s_2\neq0\\ -\alpha_2\rho_2\varepsilon_2^{\rho_2-2}e_1, & -\varepsilon_2<e_1<0 \text{ 且 } s_2\neq0\end{cases}$$

其中,ε_1 和 ε_2 是充分小的正常数。

2.5　仿　真

仿真中考虑地对空导弹拦截目标的最后阶段。首先罗列仿真参数和初始条件,然后给出两种目标机动用来验证提出的控制器的性能,最后将提出的控制器与文献[23]给出的控制器作性能比较。

2.5.1　仿真参数

1. 目标参数

初始速度:$V_{Tx}(0)=-122$ m/s,$V_{Ty}(0)=-162$ m/s;

初始位置:$x_T(0)=3\,510$ m,$y_T(0)=1\,918$ m;

最大加速度:$|A_{Tr}^{max}|=20g$ m/s^2,$|A_{T\lambda}^{max}|=20g$ m/s^2;

重力加速度:$g=9.81$ m/s^2。

2. 拦截器参数

初始加速度:$n_L(0)=10g$ m/s^2;

初始航迹角:$\gamma_M(0)=12.3°$;

初始攻角：$\alpha(0) = 5.73°$；

初始速度：$V = 800 \ \text{m/s}$；

质量：$m = 144 \ \text{kg}$；

绕俯仰轴的转动惯量：$I_{yy} = 136 \ \text{kg} \cdot \text{m}^2$；

几何常数：$k_F = 0.014 \ 3 \ \text{m}^2, k_M = 0.002 \ 7 \text{m}^3$；

大气密度：$\rho = 0.264 \ 1 \ \text{kg/m}^3$；

最大升降舵偏转量：$\delta_e^{max} = 30 \ °$；

最大加速度：$|n_L| \leqslant 1.5 |A_{Tr}^{max}| = 30g \ \text{m/s}^2$；

初始位置：$x_M(0) = y_M(0) = 0 \ \text{m}$。

3. 几何参数

初始视线角：$\lambda(0) = 28°$；

初始相对距离：$r(0) = 4 \ 000 \ \text{m}$。

2.5.2　不连续切换与修正切换的性能比较

本小节将带有不连续切换的控制器和带有修正切换的控制器作性能比较。假设目标做正弦机动，频率为 $1 \ \text{rad/s}$，幅值为 $20g \ \text{m/s}^2$。仿真曲线包括外环状态 σ_1, σ_2，内环状态 e_1, e_2，滑模变量 s_1, s_2，自适应参数 $\hat{\Delta}_{max}$ 和升降舵偏转量 δ_e。图 2 - 3 和图 2 - 4 为不连续控制器仿真曲线图，图 2 - 5

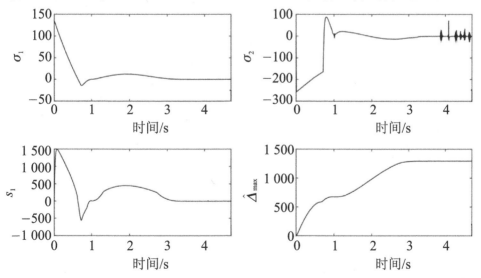

图 2 - 3　不连续控制器仿真曲线图：外环状态 σ_1 和 σ_2，滑模变量 s_1 和自适应参数 $\hat{\Delta}_{max}$

和图 2-6 为修正切换控制器仿真曲线图。从仿真曲线图可以清楚地看到,大的震颤出现在仿真图 2-3 和图 2-4 中,这可能由控制器的不连续切换导致的。

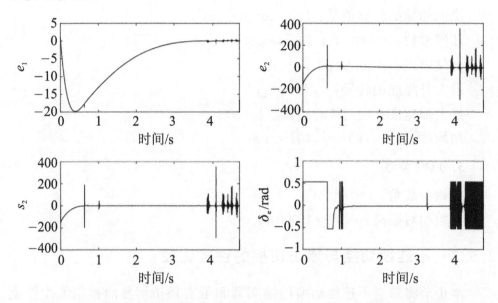

图 2-4　不连续控制器仿真曲线图:内环状态 e_1 和 e_2,滑模变量 s_2 和升降舵偏转 δ_e

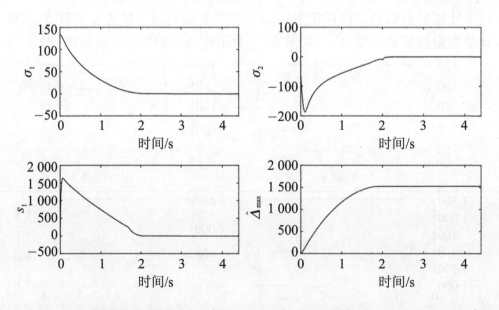

图 2-5　修正控制器仿真曲线图:外环状态 σ_1 和 σ_2,滑模变量 s_1 和自适应参数 $\hat{\Delta}_{\max}$

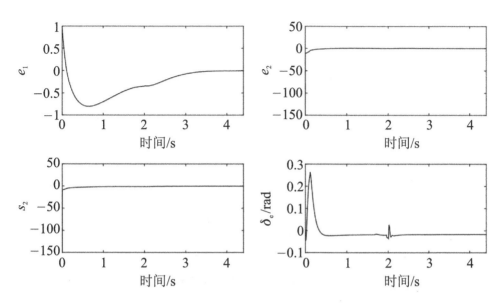

图 2 - 6　修正控制器仿真曲线图：内环状态 e_1 和 e_2，滑模变量 s_2 和升降舵偏转 δ_e

2.5.3　有效性验证

为了验证提出的控制器的性能，考虑下面两种情况的目标机动。

情况 1：目标做正弦机动，即 $A_{Tr}(t) = 20g \cdot \sin t \ \mathrm{m/s^2}$，$A_{T\lambda}(t) = 20g \cdot \sin t \ \mathrm{m/s^2}$，初始视线角为 $\lambda(0) = 28°$。

情况 2：目标沿视线方向做方波机动，其周期为 1 s，相位延迟为 0.5 s，幅值为 $20g \ \mathrm{m/s^2}$；垂直视线方向做正弦机动，即 $A_{T\lambda}(t) = 20g \cdot \sin t \ \mathrm{m/s^2}$。初始视线角为 $\lambda(0) = 5.73°$。

情况 1 和情况 2 的仿真曲线分别见图 2 - 5～图 2 - 8，图 2 - 9～图 2 - 12。由仿真图可以看出，无论目标做哪种机动，提出的控制器都有很好的性能。

2.5.4　拦截性能比较

在本小节中，编者将所给出的控制器与文献[23]中的控制器作性能比较。文献[23]中的控制器是基于线性滑模控制方法的。考虑 2.5.3 小节列出的两种情况的目标机动，仿真参数和初始条件相同。仿真曲线包括设

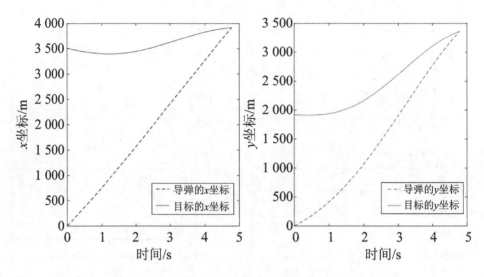

图 2 − 7 情况 1:导弹和目标的 x,y 坐标

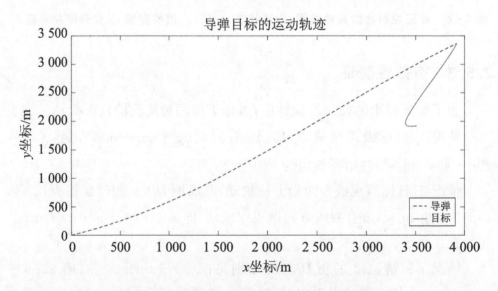

图 2 − 8 情况 1:导弹和目标的运动轨迹

计变量 σ 和滑模变量 s,图 2 − 13 和图 2 − 14 分别对应提出的控制器和文献[23]中的控制器的仿真曲线图。

从仿真曲线可以看出,采用文献[23]中的控制器得到的设计变量 σ 的仿真曲线渐近收敛到零,但采用提出的控制器,设计变量 σ 在大约 1.2 s 收敛到零。这体现了有限时间收敛与渐近收敛的差别。

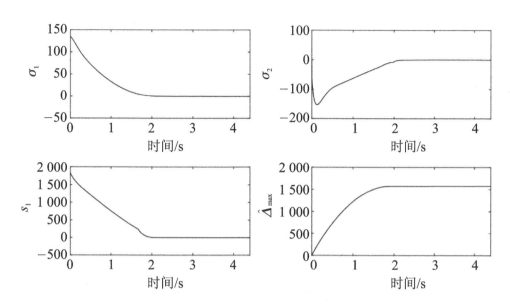

图 2 - 9　情况 2 的仿真曲线图:外环状态 σ_1 和 σ_2,滑模变量 s_1 和自适应参数 $\hat{\Delta}_{\max}$

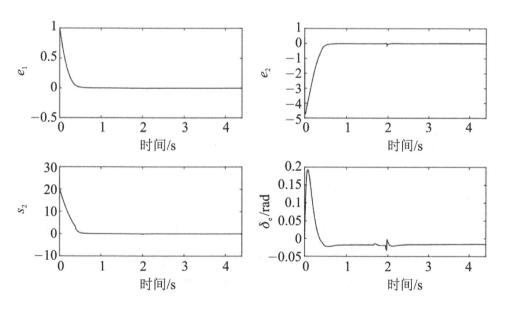

图 2 - 10　情况 2 的仿真曲线图:内环状态 e_1 和 e_2,滑模变量 s_2 和升降舵偏转 δ_e

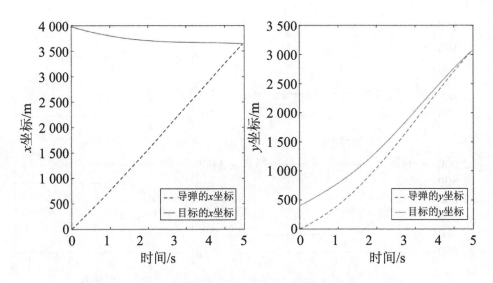

图 2-11　情况 2 的仿真曲线图:导弹和目标的 x , y 坐标

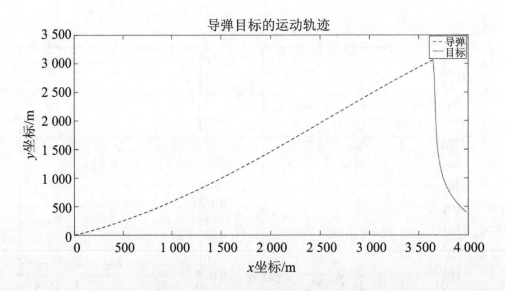

图 2-12　情况 2 的仿真曲线图:导弹和目标的运动轨迹

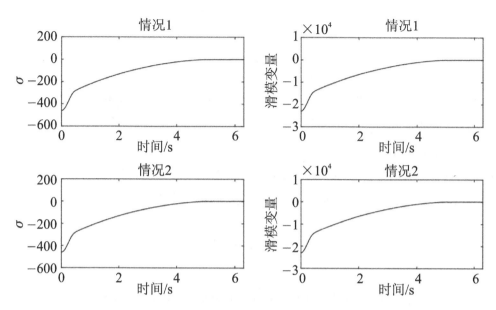

图 2 - 13　提出的控制器的仿真曲线图:设计变量 σ 和滑模变量 s

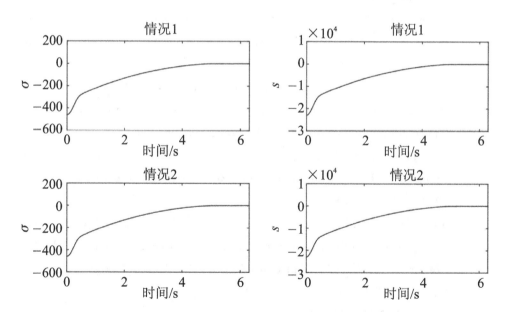

图 2 - 14　文献[23]中控制器的仿真曲线图:设计变量 σ 和滑模变量 s

2.6　本章小结

本章针对带有扰动的非线性系统设计了一种自适应非奇异终端滑模控制器,该控制器能使系统在有限时间收敛到滑模面,当系统沿滑模面运动时,系统状态能在有限时间收敛到零。由于在控制器中引入了切换,设计的控制器避免了奇异。另外,由于引入了自适应律,提出的方法不需要明确已知扰动的界。最后,将提出的控制器应用到导弹拦截的制导与控制一体化设计中,并用仿真验证了设计的控制器的性能。

参考文献

[1] TAL S, MOSHE I, ODED M G. Sliding-mode control for integrated missile autopilot guidance[J]. Journal of Guidance, Control, and Dynamics, 2006, 29(2): 250-260.

[2] CHWA D, CHOI J Y. Adaptive nonlinear guidance law considering control loop dynamics[J]. IEEE Transactions on Aerospace and Electronic Systems, 2003, 39(4): 1134-1143.

[3] SHTESSEL Y B, SHKOLNIKOV I A, LEVANT A. Guidance and control of missile interceptor using second-order sliding modes[J]. IEEE Transactions on Aerospace & Electronic Systems, 2009, 45(1): 110-124.

[4] LIU H, LI J F. Terminal sliding mode control for spacecraft formation flying[J]. IEEE Transactions on Aerospace and Electronic Systems, 2009, 45(3): 835-846.

[5] YU S H, YU X H, MAN Z H. Robust global terminal sliding mode control of SISO nonlinear uncertain systems: Proceedings of the 39th IEEE Conference on Decision and Control, December 12-15, 2000[C]. Montreal, Canada: IEEE, 2002.

[6] FENG Y, YU X H, MAN Z H. Non-singular terminal sliding mode control of rigid manipulators[J]. Automatica, 2002, 38(12): 2159-2167.

[7] WEI X J, LEI G. Composite disturbance-observer-based control and terminal sliding mode control for non-linear systems with disturbances[J].

International Journal of Control, 2009, 82(6): 1082-1098.

[8] CHIU C S. Derivative and integral terminal sliding mode control for a class of MIMO nonlinear systems[J]. Automatica, 2011, 48(2): 316-326.

[9] JIN M L, LEE J, CHANG P H, CHOI C. Practical nonsingular terminal sliding-mode control of robot manipulators for high-accuracy tracking control[J]. IEEE Transactions on Industrial Electronics, 2009, 56(9): 3593-3601.

[10] DAS P G, CHAWLA C. Robust partial integrated guidance and control of interceptors in terminal phase: Proceedings of AIAA Guidance Navigation and Control Conference, August 10-13, 2009[C]. Chicago, Illinois: AIAA, 2012.

[11] VADDI S S, MENON P K, OHLMEYER E J. Numerical state-dependent Riccati equation approach for missile integrated guidance control[J]. Journal of Guidance, Control, and Dynamics, 2009, 32(2): 699-703.

[12] HWANG T W, TAHK M J. Integrated backstepping design of missile guidance and control with robust disturbance observer: Proceedings of 2006 SICE-ICASE International Joint Conference, October 18-21, 2006 [C]. Busan, Korea: IEEE, 2007.

[13] XIN M, BALAKRISHNAN S N, OHLMEYER E J. Integrated guidance and control of missile with $\theta-D$ method[J]. IEEE Transactions on Control Systems Technology, 2006, 14(6): 981-992.

[14] SANG B H, JIANG C S. Integrated guidance and control for a missile in the pitch plane based upon subspace stabilization: Proceedings of Chinese Control and Decision Conference, June 17-19, 2009[C]. Guilin, China: IEEE, 2009.

[15] LIN C F, OHLMEYER E, BIBEL J E, MALYEVAC S. Optimal design of integrated missile guidance and control: Proceedings of AIAA and SAE World Aviation Conference, September 28-30, 1998[C]. Anaheim, USA: AIAA, 2012.

[16] MENON P, SWERIDUK G, OHLMEYER E, MALYEVAVC D. Integrated guidance and control of moving mass actuated kinetic warheads [J]. Journal of Guidance, Control and Dynamics, 2004, 27(1): 118-126.

[17] LIN C F, WANG Q, SPEYER J L, EVERS J H, CLOUTIER J R. Inte-

grated estimation, guidance, and control system design using game theoretic approach: Proceedings of American Control Conference, June 24-26, 1992[C]. Chicago, IL, USA: IEEE, 2009.

[18] SHKOLNIKOV I, SHTESSEL Y, LIANOS D. Integrated guidance-control system of a homing interceptor-sliding mode approach: Proceedings of AIAA Guidance Navigation and Control Conference and Exhibit, August 6-9, 2012[C]. Montreal, Canada: AIAA, 2001.

[19] SHTESSEL Y B, SHKOLNIKOV I A. Integrated guidance and control of advanced interceptors using second-order siding modes: Proceedings of the 42nd IEEE Conference on Decision and Control, December 9-12, 2003[C]. Maui, HI, USA: IEEE, 2004.

[20] WEI Y, HOU M, DUAN G R. Adaptive multiple sliding surface control for integrated missile guidance and autopilot with terminal angular constraint: Proceedings of Chinese Control Conference, July 29-31, 2010 [C]. Beijing, China: IEEE, 2010.

[21] HUANG J, LIN C F. Application of sliding mode control to bank-to-turn missile systems: Proceedings of the First IEEE Regional Conference on Aerospace Control Systems, May 25-27, 1993, Westlake Village, CA, USA. IEEE: 569-573.

[22] ZHURBAL A, IDAN M. Effect of estimation on the performance of an integrated missile guidance and control system: Proceedings of AIAA Guidance Navigation and Control Conference and Exhibit, August 18-21 2008[C]. Honolulu, Hawaii: AIAA, 2012.

[23] SHTESSELl Y B, TOURNES C H. Integrated higher-order sliding mode guidance and autopilot for dual-control missiles[J]. Journal of Guidance, Control, and Dynamics, 2009, 32(1): 79-94.

[24] TOURNES C, SHTESSEL Y. Integrated guidance and autopilot for dual controlled missiles using higher order sliding mode controllers and observers: Proceedings of AIAA Guidance, Navigation and Control Conference and Exhibit, August 18-21, 2008[C]. Honolulu, Hawaii: AIAA, 2012.

[25] MENON P K, OHLMEYER E J. Integrated design of agile missile guidance and autopilot systems[J]. Control Engineering Practice, 2001, 9(10): 1095-1106.

第3章　二维平面基于观测器的制导与控制一体化设计

3.1　引　言

因为制导与控制一体化设计能充分利用制导环与控制环之间的协调关系,大大增强拦截精度,所以它已经成为最近几年研究的热点,见文献[1]~[13]。很多关于一体化设计的文章假设系统的全状态是可用的,实际上,这个假设是相当严格的。在许多应用中,仅有一部分状态变量是可测量的。因此本文提出了基于有限时间状态观测器的制导与控制一体化设计方法。

非线性系统的状态观测器已经得到了广泛的研究,并得出了很多重要的结果,比如,扩展状态观测器,自适应观测器,高增益观测器等。文献[14]~[16]研究过扩展状态观测器。简单地说,扩展状态观测器的基本思想是将系统模型不确定性和外部扰动看作一个扩展的状态,原系统与扩展状态组成辅助系统,对辅助系统进行观测器设计。通过合理选择观测器中的非线性函数和对应的参数,估计的状态能收敛到系统真实的状态。然而扩展状态观测器仍存在一些缺陷,比如增加了系统的维数且要求扩展状态的一阶导数是有界的,另外也没有清晰的给出观测器参数的选取方法[14]~[16]。自适应观测器[17][18]是另一种状态观测器,仅适用于带有未知常值参数的非线性系统。高增益观测器在非线性反馈控制中的使用起源于 20 世纪 80 年代后期[19]。Khalil 和他的合作者用了大约 20 年的时间研究高增益观测器在非线性反馈控制中的应用,并提出了一些处理峰值现象的方法。

滑模观测器是另一类被广泛使用的状态观测器[20]~[22]。文献[20]提出了标准滑模观测器。同线性观测器不同,滑模观测器中含有由输出估计误差构成的非线性不连续切换项。标准的滑模观测器能使输出估计误差在有限时间收敛到零,其他非输出估计误差渐近收敛到零。为了使其他非输出估计误差也能在有限时间收敛到零,前人做了一些研究工作。文献[21]使用基于分数幂的终端滑模观测器来实现所有估计误差的有限时间收敛,但是这篇文献只考虑了不含有扰动的系统。文献[22]考虑了带有扰动的系统,提出了等价输出投影滑模观测器,能在有限时间内实现所有状态的估计。然而该观测器需要已知估计误差的范围来确定观测器参数,但在实际中,由于系统状态未知,估计误差的范围也很难得到。

本章提出的状态观测器也是一种滑模观测器。与前人的工作相比,所设计的观测器具有以下特点。① 与标准滑模观测器[20]不同,提出的观测器能在有限时间内实现全状态观测。② 该观测器能处理带有扰动的系统。③ 文中明确地给出了观测器参数的选取方法:常值参数按照伦伯格观测器的标准选取以将线性系统的极点配置在期望的位置。一些时变观测器参数由自适应律自动更新,其他的时变观测器参数由已知系统函数和扰动的界确定。

本章随后将提出的有限时间状态观测器应用到导弹拦截的制导与控制一体化设计中,来重构系统中不可使用的状态。然后设计基于观测器的控制器,使系统状态在有限时间内收敛到零。最后通过仿真验证提出的方法的有效性。

3.2　模型及问题描述

假设导弹和目标在同一平面内运动,本章所采用的导弹目标相对运动动态和导弹动力学模型与第 2 章的相同。

本章做如下假设。

假设 3-1:同文献[5][23][24]相似,假设 $A_{\mathrm{T\lambda}}(t)$ 是可微的,并且 $A_{\mathrm{Tr}},A_{\mathrm{T\lambda}},\dot{A}_{\mathrm{T\lambda}}$ 是有界的,即 $|A_{\mathrm{Tr}}|\leqslant A_{\mathrm{Tr}}^{\max}$,$|A_{\mathrm{T\lambda}}|\leqslant A_{\mathrm{T\lambda}}^{\max}$,$|\dot{A}_{\mathrm{T\lambda}}|\leqslant \dot{A}_{\mathrm{T\lambda}}^{\max}$,其中 $A_{\mathrm{Tr}}^{\max},A_{\mathrm{T\lambda}}^{\max}$ 和 $\dot{A}_{\mathrm{T\lambda}}^{\max}$ 是已知的常值。

假设 3-2:状态变量 $V,q,\theta,n_L,\alpha,r,V_{\mathrm{r}},\lambda,\dot{\lambda}$ 是可用的。由 $V_\lambda=r\dot{\lambda}$ 可知,V_λ 也可用。

注释 3 - 1：在实际中,由于目标具有一定的尺寸,只要导弹与目标之间的相对距离 r 位于区间 $r \in [r_{min}, r_{max}]$,就认为实现了精确的拦截[5][24]。因此,在整个拦截过程中,不等式 $r^0 \leqslant r(t) \leqslant r(0), r^0 \in [r_{min}, r_{max}]$ 成立,其中,r_{min}, r_{max} 与导弹和目标的尺寸有关,$r(0)$ 是弹目初始相对距离。

注释 3 - 2：注意到 $\dot{V}_\lambda$ 的动态包含未知项 $A_{T\lambda}$,因此 $\dot{V}_\lambda$ 不可用。然而文献[24][25]等将 $\dot{V}_\lambda$ 作为一个已知变量使用。这里,仅使用可用信息来进行制导与控制一体化设计。

3.3　制导与控制一体化设计

本节首先介绍拦截策略,然后推导制导与控制一体化模型,最后进行制导与控制一体化设计。

3.3.1　拦截策略

本章采用的拦截策略为 $V_\lambda(t) \rightarrow 0$[5][25],控制目标即设计升降舵偏转量 δ_e 在有限时间内实现 $V_\lambda(t) \rightarrow 0$。考虑到导弹平移动态与旋转动态之间存在时间分离,在这里采用具有两环结构的部分制导与控制一体化设计方法。外环使用俯仰速率指令 q_c 作为虚拟控制输入。外环的目标是设计 q_c 使得 $V_\lambda(t)$ 在有限时间内趋于零。内环的目标是设计升降舵偏转量 δ_e 使得俯仰速率 q 在有限时间内跟踪上外环产生的俯仰速率指令 q_c。

3.3.2　制导与控制一体化模型

对 V_λ 求两次导,可得外环一体化模型为

$$\begin{cases} \dot{x}_1 = x_2 \\ \dot{x}_2 = f(y,t) + b(t)q_c + \boldsymbol{g}(y,t)\boldsymbol{d}(t) \\ y = x_1 \end{cases} \quad (3-1)$$

其中,

$$x_1 = V_\lambda$$

$$x_2 = \dot{V}_\lambda$$

$$f(y,t) = \left(\frac{2V_r^2}{r^2} + \frac{2\sin(\lambda - \gamma_M)n_L}{r} \right)y - \frac{1}{r^2}y^3 +$$

$$\left(\frac{V_r}{r}\cos(\lambda - \gamma_M) + \frac{\cos(\lambda - \gamma_M)}{T_a} - \frac{\sin(\lambda - \gamma_M)(F_x\sin\alpha - F_z\cos\alpha)}{mV} \right)n_L$$

$$b(t) = -\frac{\cos(\lambda - \gamma_M)V}{T_a}$$

$$\boldsymbol{g}(y,t) = \left[-\frac{V_r}{r} \quad -\frac{y}{r} \quad 1 \right]$$

$$\boldsymbol{d}(t) = \begin{bmatrix} A_{T\lambda} & A_{Tr} & \dot{A}_{T\lambda} \end{bmatrix}^T$$

令俯仰速率跟踪误差 $e_q = q_c - q$，对 e_q 求一次导可得内环一体化模型为

$$\dot{e}_q = f_2 + b_2\delta_e \tag{3-2}$$

其中，$f_2 = -\dfrac{k_M\rho V^2 c_{m0}}{I_{yy}} + \dot{q}_c$，$b_2 = -\dfrac{k_M\rho V^2 c_m^{\delta_e}}{I_{yy}}$。

3.3.3　有限时间状态观测器

注意到外环状态 $x_2 = \dot{V}_\lambda$ 是不可用的，这里提出一种全新的状态观测器，来重构外环系统的状态。该观测器的参数由自适应律自动调节。

令 $v = f(y,t) + b(t)q_c$，则外环一体化模型（3-1）可以写为

$$\begin{cases} \dot{x}_1 = x_2 \\ \dot{x}_2 = v + \boldsymbol{g}(y,t)\boldsymbol{d}(t) \\ y = x_1 \end{cases} \tag{3-3}$$

令 $\hat{x}_i$ 为 x_i 的估计，设计如下的状态观测器

$$\begin{cases} \dot{\hat{x}}_1 = \hat{x}_2 + l_1\tilde{y} + \lambda_1(t)\text{sgn}(\tilde{y}) \\ \dot{\hat{x}}_2 = v + l_2\tilde{y} + \lambda_2(t)\text{sgn}(\xi) \\ \hat{y} = \hat{x}_1 \end{cases} \tag{3-4}$$

其中，

$$\lambda_2(t) = \|\boldsymbol{g}(y,t)\|d_{max} + \varepsilon$$
$$\xi = (\lambda_1(t)\text{sgn}(\tilde{y}))_{eq}$$

又

$$\dot{\lambda}_1(t) = \left(-\frac{\lambda_{\min}(\boldsymbol{Q})}{2\lambda_{\max}(\boldsymbol{P})} + \frac{\|\boldsymbol{P}b_2\|}{\lambda_{\min}(\boldsymbol{P})} \right) \lambda_1(t) +$$

$$\frac{\lambda_{\min}(\boldsymbol{Q})\varepsilon}{2\lambda_{\max}(\boldsymbol{P})} + \frac{\|\boldsymbol{P}b_1\|(\|\boldsymbol{g}(y,t)\|d_{\max} + \lambda_2(t))}{\lambda_{\min}(\boldsymbol{P})} \qquad (3-5)$$

$$\lambda_1(t) = \lambda_1(0) = \varepsilon + \sqrt{\frac{\tilde{\boldsymbol{x}}^{\mathrm{T}}(0)\boldsymbol{P}\tilde{\boldsymbol{x}}(0)}{\lambda_{\min}(\boldsymbol{P})}}$$

$$\tilde{\boldsymbol{x}}(0) = \boldsymbol{x}(0) - \hat{\boldsymbol{x}}(0)$$

$$\boldsymbol{x}(0) = \begin{bmatrix} x_1(0) & x_2(0) \end{bmatrix}^{\mathrm{T}}$$

$$\hat{\boldsymbol{x}}(0) = \begin{bmatrix} \hat{x}_1(0) & \hat{x}_2(0) \end{bmatrix}^{\mathrm{T}}$$

$$\tilde{y} = y - \hat{y}$$

$\mathrm{sgn}(\cdot)$ 表示符号函数，$\varepsilon > 0$ 是任意的正常数。选取 $l_i > 0, i = 1, 2$ 以保证 $\boldsymbol{A} - \boldsymbol{Lc}$ 是胡尔维茨矩阵，其中，

$$\boldsymbol{A} = \begin{bmatrix} 0 & 1 \\ 0 & 0 \end{bmatrix}, \quad \boldsymbol{L} = \begin{bmatrix} l_1 \\ l_2 \end{bmatrix}, \quad \boldsymbol{c} = \begin{bmatrix} 1 & 0 \end{bmatrix}, \quad b_1 = \begin{bmatrix} 0 \\ 1 \end{bmatrix}, \quad b_2 = \begin{bmatrix} 1 \\ 0 \end{bmatrix}$$

$\boldsymbol{P}$ 和 $\boldsymbol{Q}$ 是正定对称矩阵且满足

$$(\boldsymbol{A} - \boldsymbol{Lc})^{\mathrm{T}}\boldsymbol{P} + \boldsymbol{P}(\boldsymbol{A} - \boldsymbol{Lc}) = -\boldsymbol{Q} \qquad (3-6)$$

$\lambda_{\max}(\boldsymbol{P})$ 和 $\lambda_{\min}(\boldsymbol{P})$ 分别指 $\boldsymbol{P}$ 的最大和最小特征值，$\lambda_{\min}(\boldsymbol{Q})$ 指 $\boldsymbol{Q}$ 的最小特征值。

注释 3-3： $(\lambda_1(t)\mathrm{sgn}(\tilde{y}))_{\mathrm{eq}}$ 是 $\lambda_1(t)\mathrm{sgn}(\tilde{y})$ 的等价值。一个真实的控制输入是由低频分量和高频分量组成的。等价控制值等于真实控制输入的低频分量，是连续的信号。当把一个真实的控制输入通过一个滤波器，滤出输入中的高频分量，则该滤波器的输出就是等价控制[26]。比如可由一阶低通滤波器 $\mu\dot{z} + z = \lambda_1(t)\mathrm{sgn}(\tilde{y})$ 来获得等价控制 $(\lambda_1(t)\mathrm{sgn}(\tilde{y}))_{\mathrm{eq}}$ 的近似值，其中，μ 是一阶低通滤波器的时间常数，则 $\boldsymbol{\xi} = (\lambda_1(t)\mathrm{sgn}(\tilde{y}))_{\mathrm{eq}}$ 由 z 近似[27]。

定理 3-1： 提出的观测器(3-4)能在有限时间内实现外环一体化模型(3-3)的全状态观测。

证明 3-1： 证明定理 3-1。定义状态估计误差和输出估计误差分别

为 $\tilde{x} = x - \hat{x}$ 和 $\tilde{y} = y - \hat{y}$，其中，$x = \begin{bmatrix} x_1 & x_2 \end{bmatrix}^T$，$\hat{x} = \begin{bmatrix} \hat{x}_1 & \hat{x}_2 \end{bmatrix}^T$。

首先给出估计误差向量的范数上界，即 $\|\tilde{x}\| \leqslant \delta(t)$，其中

$$\delta(t) = \sqrt{\frac{\tilde{x}^T(0)P\tilde{x}(0)}{\lambda_{\min}(P)}} e^{-\frac{\lambda_{\min}(Q)}{2\lambda_{\max}(P)}t} +$$

$$\int_0^t e^{-\frac{\lambda_{\min}(Q)}{2\lambda_{\max}(P)}(t-\tau)} \frac{\|Pb_1\|(\|g(y,\tau)\|d_{\max} + \lambda_2(\tau)) + \|Pb_2\|\lambda_1(\tau)}{\lambda_{\min}(P)} d\tau$$

估计误差向量 $\tilde{x}$ 的动态为

$$\begin{cases} \dot{\tilde{x}} = (A - Lc)\tilde{x} + b_1(g(y,t)d(t) - \lambda_2(t)\operatorname{sgn}(\xi)) + b_2(-\lambda_1(t)\operatorname{sgn}(\tilde{y})) \\ \tilde{y} = c\tilde{x} \end{cases}$$

其中，$b_1 = \begin{bmatrix} 0 \\ 1 \end{bmatrix}$，$b_2 = \begin{bmatrix} 1 \\ 0 \end{bmatrix}$。考虑李雅普诺夫函数 $V = \tilde{x}^T P \tilde{x}$，其中 P 满足式(3-6)，对 V 求一阶导数并利用 $\lambda_{\min}(P)\|\tilde{x}\|^2 \leqslant V = \tilde{x}^T P \tilde{x} \leqslant \lambda_{\max}(P)\|\tilde{x}\|^2$，则有

$$\dot{V} = \tilde{x}^T[(A-Lc)^T P + P(A-Lc)]\tilde{x} + 2\tilde{x}^T P b_1(g(y,t)d(t) -$$

$$\lambda_2(t)\operatorname{sgn}(\xi)) + 2\tilde{x}^T P b_2(-\lambda_1(t)\operatorname{sgn}(\tilde{y})) =$$

$$-\tilde{x}^T Q \tilde{x} + 2\tilde{x}^T P b_1(g(y,t)d(t) - \lambda_2(t)\operatorname{sgn}(\xi)) +$$

$$2\tilde{x}^T P b_2(-\lambda_1(t)\operatorname{sgn}(\tilde{y})) \leqslant$$

$$-\lambda_{\min}(Q)\|\tilde{x}\|^2 + 2\|\tilde{x}\|\|P b_1\|(\|g(y,t)\|d_{\max} + \lambda_2(t)) +$$

$$2\|\tilde{x}\|\|P b_2\|\lambda_1(t) \leqslant$$

$$-\frac{\lambda_{\min}(Q)}{\lambda_{\max}(P)}V + 2[\|P b_1\|(\|g(y,t)\|d_{\max} + \lambda_2(t)) +$$

$$\|P b_2\|\lambda_1(t)]\frac{\sqrt{V}}{\sqrt{\lambda_{\min}(P)}} \tag{3-7}$$

令 $W = \sqrt{V}$，则 $\dot{W} = \frac{\dot{V}}{2\sqrt{V}}$，根据不等式(3-7)有

$$\dot{W} \leqslant -\frac{\lambda_{\min}(Q)}{2\lambda_{\max}(P)}W + \frac{\|P b_1\|(\|g(y,t)\|d_{\max} + \lambda_2(t)) + \|P b_2\|\lambda_1(t)}{\sqrt{\lambda_{\min}(P)}}$$

根据第 1 章的引理 1-3，则有

$$W(t) \leqslant e^{-\frac{\lambda_{\min}(\boldsymbol{Q})}{2\lambda_{\max}(\boldsymbol{P})}t} W(0) +$$

$$\int_0^t e^{-\frac{\lambda_{\min}(\boldsymbol{Q})}{2\lambda_{\max}(\boldsymbol{P})}(t-\tau)} \frac{\|\boldsymbol{Pb}_1\|(\|\boldsymbol{g}(y,\tau)\|d_{\max}+\lambda_2(\tau))+\|\boldsymbol{Pb}_2\|\lambda_1(\tau)}{\sqrt{\lambda_{\min}(\boldsymbol{P})}} d\tau$$

考虑到 $\|\tilde{\boldsymbol{x}}\| \leqslant \dfrac{W}{\sqrt{\lambda_{\min}(\boldsymbol{P})}}$，有

$$\|\tilde{\boldsymbol{x}}\| \leqslant e^{-\frac{\lambda_{\min}(\boldsymbol{Q})}{2\lambda_{\max}(\boldsymbol{P})}t} \frac{W(0)}{\sqrt{\lambda_{\min}(\boldsymbol{P})}} +$$

$$\int_0^t e^{-\frac{\lambda_{\min}(\boldsymbol{Q})}{2\lambda_{\max}(\boldsymbol{P})}(t-\tau)} \frac{\|\boldsymbol{Pb}_1\|(\|\boldsymbol{g}(y,\tau)\|d_{\max}+\lambda_2(\tau))+\|\boldsymbol{Pb}_2\|\lambda_1(\tau)}{\lambda_{\min}(\boldsymbol{P})} d\tau =$$

$$e^{-\frac{\lambda_{\min}(\boldsymbol{Q})}{2\lambda_{\max}(\boldsymbol{P})}t} \sqrt{\frac{\tilde{\boldsymbol{x}}(0)^{\mathrm{T}}\boldsymbol{P}\tilde{\boldsymbol{x}}(0)}{\lambda_{\min}(\boldsymbol{P})}} +$$

$$\int_0^t e^{-\frac{\lambda_{\min}(\boldsymbol{Q})}{2\lambda_{\max}(\boldsymbol{P})}(t-\tau)} \frac{\|\boldsymbol{Pb}_1\|(\|\boldsymbol{g}(y,\tau)\|d_{\max}+\lambda_2(\tau))+\|\boldsymbol{Pb}_2\|\lambda_1(\tau)}{\lambda_{\min}(\boldsymbol{P})} d\tau = \delta(t)$$

其次，证明 $\lambda_1(t)=\delta(t)+\varepsilon$。

方程（3-5）可进一步写为

$$\dot{\lambda}_1(t) + \frac{\lambda_{\min}(\boldsymbol{Q})}{2\lambda_{\max}(\boldsymbol{P})}\lambda_1(t) =$$

$$\frac{\lambda_{\min}(\boldsymbol{Q})\varepsilon}{2\lambda_{\max}(\boldsymbol{P})} + \frac{\|\boldsymbol{Pb}_1\|(\|\boldsymbol{g}(y,\tau)\|d_{\max}+\lambda_2(t))+\|\boldsymbol{Pb}_2\|\lambda_1(t)}{\lambda_{\min}(\boldsymbol{P})}$$

对上式两边同乘以 $e^{\frac{\lambda_{\min}(\boldsymbol{Q})}{2\lambda_{\max}(\boldsymbol{P})}t}$，则有

$$\frac{\mathrm{d}\left(e^{\frac{\lambda_{\min}(\boldsymbol{Q})}{2\lambda_{\max}(\boldsymbol{P})}t}\lambda_1(t)\right)}{\mathrm{d}t} = \frac{\mathrm{d}\left(\varepsilon e^{\frac{\lambda_{\min}(\boldsymbol{Q})}{2\lambda_{\max}(\boldsymbol{P})}t}\right)}{\mathrm{d}t} + e^{\frac{\lambda_{\min}(\boldsymbol{Q})}{2\lambda_{\max}(\boldsymbol{P})}t}\frac{\|\boldsymbol{Pb}_1\|\|\boldsymbol{g}(y,\tau)\|d_{\max}}{\lambda_{\min}(\boldsymbol{P})} +$$

$$e^{\frac{\lambda_{\min}(\boldsymbol{Q})}{2\lambda_{\max}(\boldsymbol{P})}t}\frac{\|\boldsymbol{Pb}_1\|\lambda_2(t)+\|\boldsymbol{Pb}_2\|\lambda_1(t)}{\lambda_{\min}(\boldsymbol{P})} \tag{3-8}$$

其中，$\dfrac{\mathrm{d}}{\mathrm{d}t}$ 指对时间的一阶导数。对式（3-8）从 0 到 t 积分，并利用 $\lambda_1(0)=$

$\varepsilon + \sqrt{\dfrac{\tilde{\boldsymbol{x}}^{\mathrm{T}}(0)\boldsymbol{P}\tilde{\boldsymbol{x}}(0)}{\lambda_{\min}(\boldsymbol{P})}}$，则有

$$e^{\frac{\lambda_{\min}(\boldsymbol{Q})}{2\lambda_{\max}(\boldsymbol{P})}t}\lambda_1(t) - \sqrt{\frac{\tilde{\boldsymbol{x}}^{\mathrm{T}}(0)\boldsymbol{P}\tilde{\boldsymbol{x}}(0)}{\lambda_{\min}(\boldsymbol{P})}} =$$

$$\varepsilon\, e^{\frac{\lambda_{\min}(\boldsymbol{Q})}{2\lambda_{\max}(\boldsymbol{P})}t} + \int_0^t e^{\frac{\lambda_{\min}(\boldsymbol{Q})}{2\lambda_{\max}(\boldsymbol{P})}\tau}\,\frac{\|\boldsymbol{P}\boldsymbol{b}_1\|(\|\boldsymbol{g}(y,\tau)\|d_{\max}+\lambda_2(\tau)) + \|\boldsymbol{P}\boldsymbol{b}_2\|\lambda_1(\tau)}{\lambda_{\min}(\boldsymbol{P})}\mathrm{d}\tau$$

进一步有

$$\lambda_1(t) = \sqrt{\frac{\tilde{\boldsymbol{x}}^{\mathrm{T}}(0)\boldsymbol{P}\tilde{\boldsymbol{x}}(0)}{\lambda_{\min}(\boldsymbol{P})}}\, e^{-\frac{\lambda_{\min}(\boldsymbol{Q})}{2\lambda_{\max}(\boldsymbol{P})}t} + \varepsilon +$$

$$\int_0^t e^{-\frac{\lambda_{\min}(\boldsymbol{Q})}{2\lambda_{\max}(\boldsymbol{P})}(t-\tau)}\,\frac{\|\boldsymbol{P}\boldsymbol{b}_1\|(\|\boldsymbol{g}(y,\tau)\|d_{\max}+\lambda_2(\tau)) + \|\boldsymbol{P}\boldsymbol{b}_2\|\lambda_1(\tau)}{\lambda_{\min}(\boldsymbol{P})}\mathrm{d}\tau =$$

$$\varepsilon + \delta(t)$$

下面说明输出估计 $\hat{y}$ 能在有限时间内收敛到输出 y。考虑李雅普诺夫函数 $V_1 = \frac{1}{2}\tilde{x}_1^2$，并对其求一阶导数有

$$\dot{V}_1 = \tilde{x}_1\dot{\tilde{x}}_1 =$$
$$\tilde{x}_1\tilde{x}_2 - l_1\tilde{x}_1^2 - \lambda_1(t)|\tilde{x}_1| \leqslant$$
$$|\tilde{x}_1|(\|\tilde{x}\| - \lambda_1(t)) \leqslant$$
$$-\varepsilon|\tilde{x}_1| = -\varepsilon(2V_1)^{1/2}$$

根据第 1 章的引理 1 - 1，$\tilde{x}_1$ 能在有限时间 $t_1 = \dfrac{|\tilde{x}_1(0)|}{\varepsilon}$ 收敛到零。当 $t \geqslant t_1$ 时，有 $\tilde{x}_1 = 0$ 和 $\dot{\tilde{x}}_1 = 0$，因此可以得到 $\lambda_1(t)\mathrm{sgn}(\tilde{y})$ 的等价值，即 $(\lambda_1(t)\mathrm{sgn}(\tilde{y}))_{\mathrm{eq}} = \tilde{x}_2$，于是 $\xi = \tilde{x}_2$ 且 $\mathrm{sgn}(\xi) = \mathrm{sgn}(\tilde{x}_2)$，$\forall t \geqslant t_1$。

最后，证明 $\hat{x}_2$ 能在有限时间收敛到 x_2。

由于 $\forall t \geqslant t_1$，$\tilde{y} = 0$ 且 $\mathrm{sgn}(\xi) = \mathrm{sgn}(\tilde{x}_2)$，所以估计误差 $\tilde{x}_2$ 的动态方程可以写为

$$\dot{\tilde{x}}_2 = \boldsymbol{g}(y,t)\boldsymbol{d}(t) - \lambda_2(t)\mathrm{sgn}(\tilde{x}_2)$$

考虑李雅普诺夫函数 $V_2 = \frac{1}{2}\tilde{x}_2^2$，并对其求一阶导数有

$$\dot{V}_2 = \tilde{x}_2\dot{\tilde{x}}_2 =$$
$$\tilde{x}_2(\boldsymbol{g}(y,t)\boldsymbol{d}(t) - \lambda_2(t)\mathrm{sgn}(\tilde{x}_2)) \leqslant$$

$$|\tilde{x}_2|\|\boldsymbol{g}(y,t)\|d_{\max}-(\|\boldsymbol{g}(y,t)\|d_{\max}+\varepsilon)|\tilde{x}_2|=$$
$$-\varepsilon|\tilde{x}_2|=-\varepsilon(2V_2)^{1/2}$$

根据第 1 章的引理 $1-1$, $\tilde{x}_2$ 在有限时间 t_2 收敛到零,其中,

$$t_2=t_1+\frac{|\tilde{x}_2(t_1)|}{\varepsilon}=t_1+\frac{|(\lambda_1(t_1)\mathrm{sgn}(\tilde{y}))_{\mathrm{eq}}|}{\varepsilon}, \quad t_1=\frac{|\tilde{y}(0)|}{\varepsilon}$$

注释 3-4:从定理 $3-1$ 的证明过程可以看出,估计误差 $\tilde{x}_1$ 的范围为

① $\forall t\in[0,t_1]$,不等式 $\dot{V}_1\leqslant-\varepsilon(2V_1)^{1/2}$ 成立,于是有 $|\tilde{x}_1|\leqslant$ $|\tilde{x}_1(0)|-\varepsilon t\leqslant|\tilde{x}_1(0)|$;

② $\forall t\geqslant t_1$,$\tilde{x}_1=0$。

因此,如果选取 $\hat{x}_1(0)=x_1(0)$,那么就有 $\tilde{x}_1=0$,$\forall t\geqslant0$。

估计误差 $\tilde{x}_2$ 的范围为

① $\forall t\in[0,t_1]$,$|\tilde{x}_2|\leqslant\|\tilde{x}\|\leqslant\delta(t)=\lambda_1(t)-\varepsilon$,其中

$$\lambda_1(t)=\mathrm{e}^{\eta_1 t}\left(\lambda_1(0)-\eta_2+\frac{2d_{\max}\|\boldsymbol{Pb}_1\|}{\lambda_{\min}(\boldsymbol{P})}\int_0^t\mathrm{e}^{-\eta_1\tau}\|\boldsymbol{g}(y,\tau)\|\mathrm{d}\tau\right)+\eta_2$$

$$\eta_1=-\frac{\lambda_{\min}(\boldsymbol{Q})}{2\lambda_{\max}(\boldsymbol{P})}+\frac{\|\boldsymbol{Pb}_2\|}{\lambda_{\min}(\boldsymbol{P})}$$

$$\eta_2=\frac{\varepsilon(\lambda_{\min}(\boldsymbol{Q})\lambda_{\min}(\boldsymbol{P})+2\|\boldsymbol{Pb}_1\|\lambda_{\max}(\boldsymbol{P}))}{-\lambda_{\min}(\boldsymbol{Q})\lambda_{\min}(\boldsymbol{P})+2\|\boldsymbol{Pb}_2\|\lambda_{\max}(\boldsymbol{P})}$$

$$\|\boldsymbol{g}(y,\tau)\|=\frac{\sqrt{r^2+y^2+V_r^2}}{r}$$

考虑到在实际中 r,y,V_r 都是有界的,有不等式 $\lambda_1(t)\leqslant c_1,0\leqslant t\leqslant t_1$ 成立,进而有 $|\tilde{x}_2|\leqslant c_1-\varepsilon,t\in[0,t_1]$;

② $\forall t\in[t_1,t_2]$,不等式 $\dot{V}_2\leqslant-\varepsilon(2V_2)^{1/2}$ 成立,于是有 $|\tilde{x}_2|\leqslant$ $|\tilde{x}_2(t_1)|-\varepsilon(t-t_1)\leqslant|\tilde{x}_2(t_1)|\leqslant c_1-\varepsilon$;

③ $\forall t\geqslant t_2$,$\tilde{x}_2=0$。

综合上述三种情况,估计误差 $\tilde{x}_2$ 满足 $\begin{cases}|\tilde{x}_2|\leqslant c_2=c_1-\varepsilon, & t\in[0,t_2]\\ \tilde{x}_2=0, & t\geqslant t_2\end{cases}$。

实际上,如果选取 $\hat{x}_1(0)$ 等于 $x_1(0)$,则上式可以写成

$$\begin{cases} |\tilde{x}_2| \leqslant |\tilde{x}_2(0)|, & t \in [0, t_2] \\ \tilde{x}_2 = 0, & t \geqslant t_2 \end{cases}$$

注释 3-5： 有限时间状态观测器(3-4)的特点如下：

① 观测器(3-4)能在有限时间内实现系统状态重构；

② 观测器(3-4)的设计参数包括 l_i 和 $\lambda_i(t)$，$i=1,2$，其中 l_i 的选取保证 $\boldsymbol{A} - \boldsymbol{Lc}$ 是胡尔维茨矩阵，$\lambda_1(t)$ 由自适应律自动调节，$\lambda_2(t)$ 由已知的系统函数和扰动的界确定。

注释 3-6： 有限时间状态观测器(3-4)也是一种滑模观测器。前人已经广泛研究了滑模观测器[20]~[22]。文献[20]提出的观测器称之为标准滑模观测器，通过引入一个非线性切换项，标准滑模观测器能实现输出估计误差的有限时间收敛，其他非输出估计误差的渐近收敛。这里以一个二阶系统为例来解释标准滑模观测器：$\begin{cases} \dot{x}_1 = x_2 \\ \dot{x}_2 = d(t) \end{cases}$，其中 $d(t)$ 为有界的扰动，$|d(t)| \leqslant d_{\max}$。标准滑模观测器形式为[20]

$$\begin{cases} \dot{\hat{x}}_1 = -\alpha_1 \tilde{x}_1 + \hat{x}_2 - c_1 \mathrm{sgn}(\tilde{x}_1) \\ \dot{\hat{x}}_2 = -\alpha_2 \tilde{x}_1 - c_2 \mathrm{sgn}(\tilde{x}_1) \end{cases}$$

其中，$\tilde{x}_1 = \hat{x}_1 - x_1$。常数 α_i，$i=1,2$ 按照伦伯格观测器(对应 $c_1 = 0$，$c_2 = 0$)的选取标准选取，以将线性化系统的极点配置在期望的位置。c_1 和 c_2 的选取分别满足 $c_1 \geqslant \|\tilde{x}_2\|$ 和 $c_2 \geqslant d_{\max}$[20]。注意到标准滑模观测器与有限时间状态观测器(3-4)之间有很多的不同点：

① 考虑到 x_2 不可用，$\tilde{x}_2$ 也不能精确已知，这将导致 c_1 的选取很困难。然而，有限时间状态观测器(3-4)的设计参数只与可用信息有关，其具体选取标准可见注释 3-5。

② 标准滑模观测器与有限时间状态观测器(3-4)有相似的结构。但在观测器(3-4)中，$\hat{x}_2$ 的动态使用的是 $\mathrm{sgn}(\xi)$，其中 $\xi = (\lambda_1(t)\mathrm{sgn}(\tilde{y}))_{\mathrm{eq}}$，而不是 $\mathrm{sgn}(\tilde{y})$，因此观测器(3-4)能保证 $\tilde{x}_2$ 也在有限时间收敛到零。标准滑模观测器只能在有限时间内重构 x_1，渐近重构 x_2。观测器(3-4)能在有限时间内重构所有状态。

注释 3-7： 为了使其他非输出估计误差也在有限时间内收敛到零，研究者们已经做了很多工作。在文献[21]中,作者利用基于分数幂的终端滑模观测器来实现所有观测误差的有限时间收敛,但文献[21]中只考虑了不带有扰动的系统。文献[22]考虑了带有扰动的系统,提出了等价输出投影滑模观测器来在有限时间内重构所有的状态。但观测器参数的选取依赖于估计误差的界。由于部分状态不可用,估计误差的界实际上也是不可用的。综上所述,与已有的工作相比,观测器(3-4)具有以下特点:

① 能处理带有扰动的系统;

② 能在有限时间内实现所有状态的重构;

③ 参数很容易选取。

3.3.4　制导与控制一体化设计

本小节首先给出基于观测器的外环设计,再进行内环设计。

外环一体化设计:选取终端滑模变量 $s = x_2 + \beta x_1^{q/p}$,其中,$\beta > 0$,$p$ 和 q 是正奇数且 $p > q$。设计如下的控制器

$$v = -\|\boldsymbol{g}(y,t)\| d_{\max} \operatorname{sgn}(\hat{s}) - k_1 \operatorname{sgn}(\hat{s}) - \beta \frac{q}{p} y^{\frac{q}{p}-1} \hat{x}_2 E_1 -$$

$$\beta \frac{q}{p} y^{\frac{q}{p}-1} \delta(t) \operatorname{sgn}(\hat{s}) E_1 E_2 \qquad (3-9)$$

$$q_c = \frac{v - f(y,t)}{b(t)}$$

其中 $E_1 = \begin{cases} 1, & y \neq 0 \\ 0, & y = 0 \end{cases}$,$E_2 = \begin{cases} 1, & 0 \leqslant t < t_2 \\ 0, & t \geqslant t_2 \end{cases}$,$\hat{s} = \hat{x}_2 + \beta x_1^{q/p}$,$\delta(t) = \lambda_1(t) - \varepsilon$,$\hat{x}_2$ 和 $\lambda_1(t)$ 来自观测器(3-4),$t_2 = t_1 + \dfrac{|(\lambda_1(t_1) \operatorname{sgn}(\tilde{y}))_{\mathrm{eq}}|}{\varepsilon}$,$t_1 = \dfrac{|\tilde{y}(0)|}{\varepsilon}$,$\varepsilon > 0$ 和 $k_1 > 0$ 是待设计的常数。

定理 3-2:控制器(3-9)能使外环系统(3-1)的所有状态在有限时间内收敛到零。

证明 3-2:证明定理 3-2。

该证明分为两部分:第一部分证明在时间段 $[0, t_2]$ 内,系统的状态能保持有界;第二部分证明在时间段 $[t_2, \infty]$ 内,系统的状态能在有限时间收

敛到零。

（1）第一部分：证明在时间段 $[0,t_2]$ 内，系统的状态保持有界。为了证明系统的状态在时间段 $[0,t_2]$ 内有界，也分为两步：第一步证明滑模变量 s 的有界性；第二步证明系统状态 x_1 和 x_2 的有界性。

第一步：证明滑模变量 s 的有界性。令 $\tilde{s}=s-\hat{s}=\tilde{x}_2$，有如下两种可能情况。

情况 1：$|s|>|\tilde{s}|$。在这种情况下，$\mathrm{sgn}(\hat{s})=\mathrm{sgn}(s-\tilde{s})=\mathrm{sgn}(s)$ 且 $E_2=1$。控制器（3-9）可以写成

$$v=-\|\boldsymbol{g}(y,t)\|d_{\max}\mathrm{sgn}(s)-k_1\mathrm{sgn}(s)-$$
$$\beta\frac{q}{p}y^{\frac{q}{p}-1}\hat{x}_2E_1-\beta\frac{q}{p}y^{\frac{q}{p}-1}\delta(t)\mathrm{sgn}(s)E_1$$

考虑李雅普诺夫函数 $V_3=\dfrac{1}{2}s^2$，并求其一阶导数，此处也有两种情况。

① 当 $y\neq0$ 时，$E_1=1$，此时求 V_3 的一阶导数并利用 $|\tilde{x}_2|\leqslant\|\tilde{x}\|\leqslant\delta(t)$，则有

$$\dot{V}_3=s\dot{s}=$$
$$s\left[\boldsymbol{g}(y,t)\boldsymbol{d}(t)+\beta\frac{q}{p}x_1^{\frac{q}{p}-1}x_2-\|\boldsymbol{g}(y,t)\|d_{\max}\mathrm{sgn}(s)-\right.$$
$$\left.k_1\mathrm{sgn}(s)-\beta\frac{q}{p}y^{\frac{q}{p}-1}\hat{x}_2-\beta\frac{q}{p}y^{\frac{q}{p}-1}\delta(t)\mathrm{sgn}(s)\right]=$$
$$s\left[\boldsymbol{g}(y,t)\boldsymbol{d}(t)+\beta\frac{q}{p}y^{\frac{q}{p}-1}\tilde{x}_2-\|\boldsymbol{g}(y,t)\|d_{\max}\mathrm{sgn}(s)-\right.$$
$$\left.k_1\mathrm{sgn}(s)-\beta\frac{q}{p}y^{\frac{q}{p}-1}\delta(t)\mathrm{sgn}(s)\right]\leqslant$$
$$-k_1|s|=-k_1(2V_3)^{1/2}$$

② 当 $y=0$ 时，$E_1=0$ 且 $s=x_2$，此时 V_3 的一阶导数为

$$\dot{V}_3=s\dot{s}=$$
$$s(\boldsymbol{g}(y,t)\boldsymbol{d}(t)-\|\boldsymbol{g}(y,t)\|d_{\max}\mathrm{sgn}(s)-k_1\mathrm{sgn}(s))\leqslant$$
$$-k_1|s|=$$
$$-k_1(2V_3)^{1/2}$$

综上所述,在情况 1 下,有不等式 $\dot{V}_3 \leqslant -k_1(2V_3)^{1/2}$ 成立,于是有 $|s| \leqslant |s(0)| - k_1 t \leqslant |s(0)|$。

情况 2: $|s| \leqslant |\tilde{s}|$。由注释 3-4 可知, $\forall t \in [0, t_2]$, $|\tilde{s}| = |\tilde{x}_2| \leqslant c_2$, 因此有 $|s| \leqslant |\tilde{s}| \leqslant c_2$。

综合情况 1 和情况 2,令 $c_3 = \max\{|s(0)|, c_2\}$,则 $|s| \leqslant c_3, \forall t \in [0, t_2]$。至此,完成了第一步的证明,即证明了滑模变量 s 是有界的。

第二步:证明系统状态 x_1 和 x_2 的有界性。考虑李雅普诺夫函数 $V_4 = \dfrac{1}{2} x_1^2$,求其一阶导数并利用 $x_1^{1+q/p} > 0$,则有

$$\dot{V}_4 = x_1 \dot{x}_1 =$$
$$x_1(s - \beta x_1^{q/p}) \leqslant |x_1|(|s| - \beta|x_1|^{q/p}) \leqslant |x_1|(c_3 - \beta|x_1|^{q/p})$$

于是有,状态 x_1 收敛到集合 $\left\{ x_1 \Big| |x_1| \leqslant \left(\dfrac{c_3}{\beta}\right)^{p/q} \right\}$ 和状态 x_2 收敛到集合 $\{x_2 \mid |x_2| \leqslant 2c_3\}$。

至此,完成了第一部分的证明,即证明了系统状态在时间段 $[0, t_2]$ 内是有界的。

(2) 第二部分:证明系统状态在时间段 $[t_2, \infty]$ 内能收敛到零。从定理 3-1 的证明过程中可以看出 $\forall t \in [t_2, \infty]$, $x_1 = \hat{x}_1$ 和 $x_2 = \hat{x}_2$, 此时控制器(3-9)可以写为

$$v = -\|\boldsymbol{g}(y, t)\| d_{\max} \operatorname{sgn}(s) - k_1 \operatorname{sgn}(s) - \beta \frac{q}{p} y^{\frac{q}{p}-1} x_2 E_1$$

可以看到,上述控制器与实际状态反馈控制器相同,因此很容易得到滑模变量 s 在有限时间内收敛到零,状态 x_1 和 x_2 也在有限时间内收敛到零。

注释 3-8: 注意到控制器(3-9)中引入了切换项 E_1,这使得控制输入能避免当 $y = 0$ 时可能发生的奇异。

注释 3-9: 考虑到控制器(3-9)中引入了不连续的切换,这将导致控制器的不连续,进而导致控制输入产生大的震颤。同文献[28]~[31]类似,做如下连续的修正

$$
q_c = \begin{cases}
\dfrac{1}{b(t)}\left[-\|\boldsymbol{g}(y,t)\| d_{\max}\mathrm{sat}_\zeta(\hat{s}) - k_1\mathrm{sat}_\zeta(\hat{s}) - \beta\dfrac{q}{p}y^{\frac{q}{p}-1}\hat{x}_2 \right. \\
\left. \qquad -\beta\dfrac{q}{p}y^{\frac{q}{p}-1}\delta(t)\mathrm{sat}_\zeta(\hat{s})E_2 - f(y,t)\right], \quad |y| \geqslant \epsilon \\[2mm]
\dfrac{1}{b(t)}\left[-\|\boldsymbol{g}(y,t)\| d_{\max}\mathrm{sat}_\zeta(\hat{s}) - k_1\mathrm{sat}_\zeta(\hat{s}) - \beta\dfrac{q}{p}\epsilon^{\frac{q}{p}-1}\hat{x}_2 \right. \\
\left. \qquad -\beta\dfrac{q}{p}\epsilon^{\frac{q}{p}-1}\delta(t)\mathrm{sat}_\zeta(\hat{s})E_2 - f(y,t)\right], \quad |y| < \epsilon
\end{cases}
$$

$$(3-10)$$

其中,$\mathrm{sat}_\zeta(s) = \begin{cases} 1, s > \zeta \\ s/\zeta, |s| \leqslant \zeta, \epsilon > 0 \\ -1, s < -\zeta \end{cases}$ 和 $\zeta > 0$ 是任意小的常数[32]。

内环一体化设计:对内环一体化模型(3-2)设计如下的控制器

$$\delta_e = b_2^{-1}(-f_2 - k_2 |e_q|^{\rho_2}\mathrm{sgn}(e_q)) \qquad (3-11)$$

其中,$0 < \rho_2 < 1$ 和 $k_2 > 0$ 是待设计的常数。

3.4　仿　真

仿真中考虑地对空导弹拦截目标的最后阶段。首先,罗列仿真参数和初始条件,然后通过仿真验证所提出的控制器的有效性,最后将基于本章所提出的观测器的一体化设计与基于标准滑模观测器的一体化设计作性能对比。

3.4.1　仿真参数

1. 目标参数

初始速度:$V_{Tx}(0) = -122$ m/s, $V_{Ty}(0) = -162$ m/s;

初始位置:$x_T(0) = 3\,510$ m, $y_T(0) = 1\,918$ m;

目标机动:$A_{Tr} = A_{T\lambda} = 100 \cdot \sin t$ m/s².

2. 拦截器参数

初始俯仰角:$\theta(0) = 28.65°$;

初始攻角：$\alpha(0)=5.73°$；

初始俯仰角速率：$q(0)=0$；

初始速度：$V=800 \text{ m/s}$；

质量：$m=144 \text{ kg}$；

绕俯仰轴的转动惯量：$I_{yy}=136 \text{ kg} \cdot \text{m}^2$；

几何常数：$k_F=0.014\ 3 \text{ m}^2, k_M=0.002\ 7 \text{ m}^3$；

大气密度：$\rho=0.264\ 1 \text{ kg/m}^3$；

最大升降舵偏转量：$\delta_e^{max}=30°$；

初始位置：$x_M(0)=y_M(0)=0 \text{ m}$。

3. 几何参数

初始视线角：$\lambda(0)=11.46°$；

初始相对距离：$r(0)=4\ 000 \text{ m}$。

3.4.2 性能验证

本小节,将分别采用控制器(3-9)(3-11)和修正控制器(3-10)(3-11)进行仿真验证。控制器(3-9)由于采用不连续的切换和不连续的符号函数,可能会产生较大的震颤现象。修正控制器(3-10)引入连续的切换并使用连续的饱和函数来替代符号函数。饱和函数的边界层厚度有两层相反的作用。一方面,边界层厚度越大越能降低控制输入的震颤。另一方面,边界层厚度尽可能小以获得较好的性能[33]。

图 3-1,图 3-2 和图 3-3 所示的是修正控制器(3-10)和(3-11)得到的仿真曲线,包括外环状态 x_1 和 x_2,垂直视线的相对速度分量 V_λ 和相对加速度分量 $\dot{V}_\lambda$,外环状态估计误差 $\tilde{x}_1$ 和 $\tilde{x}_2$,俯仰速率跟踪误差 e_q,导弹和目标的 x,y 坐标以及轨迹,俯仰速率 q,导弹加速度 n_L,俯仰速率指令 q_c,升降舵偏转 δ_e。采用不连续控制器(3-9)(3-11)得到的仿真曲线见图 3-4,图 3-5 和图 3-6。令 $r(t_f)$ 为 $r(t)$ 在拦截时刻 t_f 的值。表 3-1 列出了分别采用两种控制器得到的 $r(t_f)$ 值。

从图 3-1 和图 3-4 中可以看出,提出的观测器在大约 0.5 s 时实现了外环全状态的重构。通过对比图 3-3 和图 3-6 的仿真曲线可以看出,采用不连续控制器(3-9)(3-11)会产生较大的震颤。表 3-1 所列的数值表明两种控制器都能实现精确拦截。

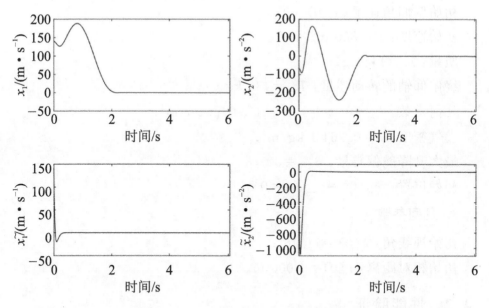

图 3 - 1   修正控制器(3 - 10)(3 - 11)的仿真曲线图:外环状态 x_1, x_2,

外环估计误差 $\tilde{x}_1$, $\tilde{x}_2$

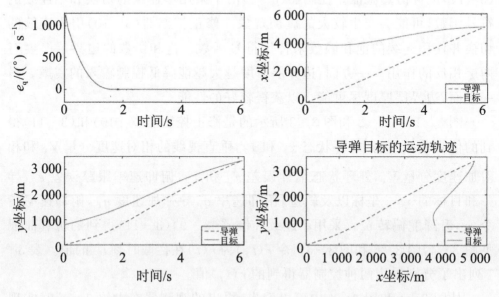

图 3 - 2   修正控制器(3 - 10)(3 - 11)的仿真曲线图:内环状态 e_q,

导弹目标的 x, y 坐标和运动轨迹

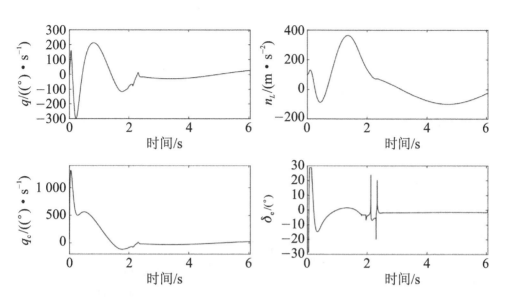

图 3 - 3   修正控制器(3 - 10)(3 - 11)的仿真曲线图:俯仰速率 q ,加速度 n_L ,

俯仰速率指令 q_c 和升降舵偏转 δ_e

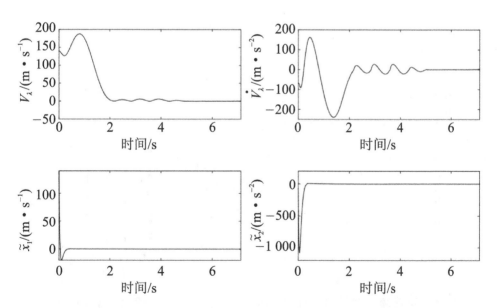

图 3 - 4   不连续控制器(3 - 9)(3 - 11)的仿真曲线图:外环状态 x_1 ,x_2 ,

外环估计误差 $\tilde{x}_1$,$\tilde{x}_2$

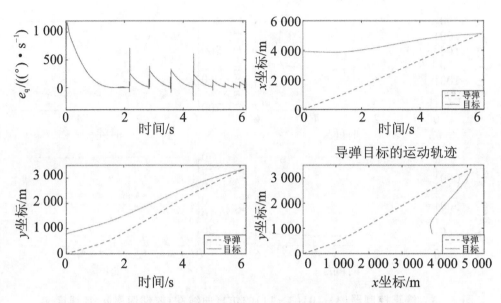

图 3 - 5　不连续控制器(3 - 9)(3 - 11)的仿真曲线图:内环状态 e_q,
导弹目标的 x, y 坐标和运动轨迹

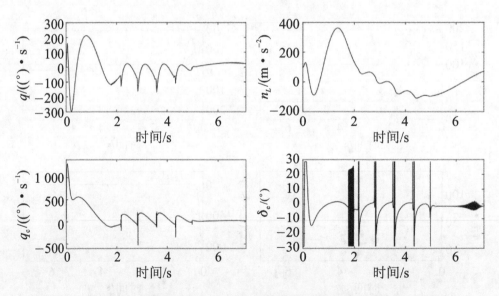

图 3 - 6　不连续控制器(3 - 9)(3 - 10)的仿真曲线图:俯仰速率 q,加速度 n_L,
俯仰速率指令 q_c 和升降舵偏转 δ_e

表 3 - 1　相对距离末端值

控制器	不连续控制器(3 - 9)(3 - 11)	修正控制器(3 - 10)(3 - 11)
相对距离末端值/m	0.311 5	0.349 1

3.4.3　性能比较

本小节将基于标准滑模观测器的一体化设计与基于本章所提出观测器的一体化设计作性能比较。

对外环系统(3 - 3)设计如下的标准滑模观测器

$$\begin{cases} \dot{\hat{x}}_1 = -\alpha_1 \tilde{x}_1 + \hat{x}_2 - c_1 \mathrm{sgn}(\tilde{x}_1) \\ \dot{\hat{x}}_2 = -\alpha_2 \tilde{x}_1 - c_2 \mathrm{sgn}(\tilde{x}_1) + v \end{cases}$$

其中, $\tilde{x}_1 = \hat{x}_1 - x_1$。常数 $\alpha_i, i = 1, 2$ 按照伦伯格观测器(对应 $c_1 = 0, c_2 = 0$)的标准选取以将线性化系统的极点配置在期望的位置。假设已知 $\|\tilde{x}_2\|$ 的界,选取 c_1 和 c_2 分别满足 $c_1 \geqslant \|\tilde{x}_2\|$ 和 $c_2 \geqslant \|\boldsymbol{g}(y, t)\| d_{\max}$。基于上述标准滑模观测器的控制制导律为

$$\begin{cases} \delta_e = b_2^{-1}(-f_2 - k_2 |e_q|^{\rho_2} \mathrm{sgn}(e_q)) \\ q_c = \begin{cases} \dfrac{1}{b(t)} \left[-\|\boldsymbol{g}(y, t)\| d_{\max} \mathrm{sat}_\zeta(\hat{s}) - k_1 \mathrm{sat}_\zeta(\hat{s}) \\ \quad -\beta \dfrac{q}{p} y^{\frac{q}{p}-1} \hat{x}_2 - f(y, t) \right], & |y| \geqslant \epsilon \\ \dfrac{1}{b(t)} \left[-\|\boldsymbol{g}(y, t)\| d_{\max} \mathrm{sat}_\zeta(\hat{s}) - k_1 \mathrm{sat}_\zeta(\hat{s}) \\ \quad -\beta \dfrac{q}{p} \epsilon^{\frac{q}{p}-1} \hat{x}_2 - f(y, t) \right], & |y| < \epsilon \end{cases} \end{cases}$$

$$(3 - 12)$$

其中, $e_q = q_c - q, \hat{s} = \hat{x}_2 + \beta x_1^{q/p}, k_1 > 0, k_2 > 0, 0 < \rho_2 < 1, \beta > 0, p$ 和 q 是正奇数且 $p > q$。 ϵ 和 ζ 是任意小的正常数。

控制器(3 - 12)的仿真曲线包括外环状态 x_1 和 x_2,垂直视线的相对速度分量 V_λ 和相对加速度分量 $\dot{V}_\lambda$,外环状态估计误差 $\tilde{x}_1$ 和 $\tilde{x}_2$,俯仰速率跟踪误差 e_q,导弹和目标的 x, y 坐标和轨迹,俯仰速率 q,导弹加速度 n_L,

俯仰角速率指令 q_c,升降舵偏转 δ_e,见图 $3-7$～图 $3-9$。采用控制器 $(3-12)$得到的相对距离在拦截时刻的 $r(t_f)$ 值见表 $3-2$。

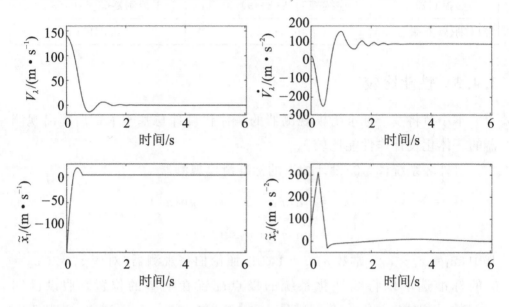

图 3-7　控制器(3-12)的仿真曲线图:外环状态 x_1,x_2,外环估计误差 $\tilde{x}_1$,$\tilde{x}_2$

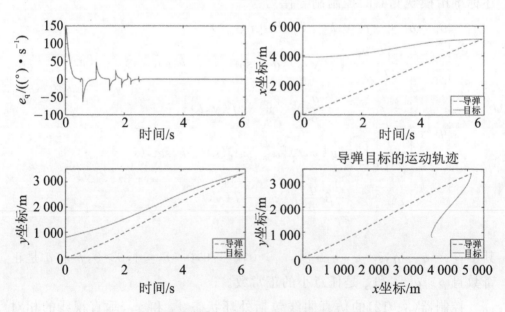

图 3-8　控制器(3-12)的仿真曲线图:内环状态 e_q,

导弹目标的 x,y 坐标和运动轨迹

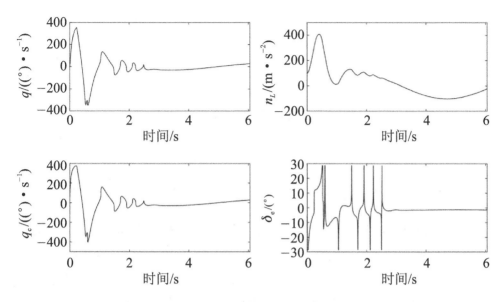

图 3 - 9　控制器(3 - 12)的仿真曲线图:俯仰速率 q,

加速度 n_L,俯仰速率指令 q_c 和升降舵偏转 δ_e。

表 3 - 2　相对距离 $r(t_f)$ 值

控制器	控制器(3 - 12)
相对距离 $r(t_f)$ 值/m	0.134 3

由图 3 - 7 的仿真曲线可以看出,采用标准滑模观测器,输出估计误差在大约 0.6 s 收敛到零,但估计误差 $\tilde{x}_2$ 渐近趋于零。这导致了系统状态的收敛速度也较慢(见图 3 - 7)。因此本章所提出的观测器具有更好的性能。

3.5　本章小结

本章探索了基于观测器的制导与控制一体化设计,结论如下:

① 所考虑的系统是带有有界扰动的积分链系统;

② 本章提出的新状态观测器的参数由自适应律自动更新且能在有限时间内重构所有状态;

③ 本章设计的基于观测器的控制器,能使系统状态在有限时间收敛

到零;

④ 提出的方法可应用到导弹拦截的制导与控制一体化设计中且仿真结果显示提出的方法是有效的。

参考文献

[1] SHIMA T, IDAN M, GOLAN O M. Sliding mode control for integrated missile autopilot guidance[J]. Journal of Guidance, Control and Dynamics, 2006, 29(2): 250-260.

[2] VADDI S S, MENON P K, OHLMEYER E J. Numerical state dependent Riccati equation approach for missile integrated guidance control[J]. Journal of Guidance, Control and Dynamics, 2009, 32(2): 699-703.

[3] HWANG T W, TAHK M J. Integrated backstepping design of missile guidance and control with robust disturbance observer: Proceedings of SICE-ICASE International Joint Conference, October 18-21, 2006[C]. Busan, Korea, IEEE, 2007.

[4] FOREMAN D C, TOURNES C H, SHTESSEL Y B. Integrated missile flight control using quaternions and third-order sliding mode control: Proceedings of American Control Conference, June 26-28, 2010[C]. Mexico City, Mexico: IEEE, 2010.

[5] SHTESSEL Y B, TOURNES C H. Integrated higher-order sliding mode guidance and autopilot for dual-control missiles[J]. Journal of Guidance, Control, and Dynamics, 2009, 32(1): 79-94.

[6] XIN M, BALAKRISHNAN S N, OHIMEYER E J. Integrated guidance and control of missile with $\theta-D$ method[J]. IEEE Transactions on Control Systems Technology, 2006, 14(6): 981-992.

[7] SANG B H, JIANG C S. Integrated guidance and control for a missile in the pitch plane based upon subspace stabilization: Proceedings of Chinese Control and Decision Conference, June 17-19, 2009[C]. Guilin, China: IEEE, 2009.

[8] LIN C F, BIBEL J, OHLMEYER E, MALYEVAC S. Optimal design of integrated missile guidance and control: Proceedings of AIAA and SAE

World Aviation Conference, September 28-30, 1998[C]. Anaheim, USA: AIAA, 2012.

[9] MENON P, SWERIDUK G, OHLMEYER E, MALYEVAC D. Integrated guidance and control of moving mass actuated kinetic warheads[J]. Journal of Guidance, Control, and Dynamics, 2004, 27(1): 118-126.

[10] LIN C F, WANG Q, SPEYER J L, EVERS J H, CLOUTIER J R. Integrated estimation, guidance, and control system design using game theoretic approach: Proceedings of American Control Conference, June 24-26, 1992[C]. Chicago, IL, USA: IEEE, 2009.

[11] SHKOLNIKOV I, SHTESSEL Y, LIANOS D. Integrated guidance-control system of a homing interceptor-sliding mode approach: Proceedings of AIAA Guidance, Navigation, and Control Conference and Exhibit, August 6-9, 2001[C]. Montreal, Canada: AIAA, 2012.

[12] SHTESSEL Y B, SHKOLNIKOV I A. Integrated guidance and control of advanced interceptors using second order siding modes: Proceedings of the 42nd IEEE Conference on Decision and Control, December 9-12, 2003[C]. Maui, HI, USA: IEEE, 2004.

[13] WEI Y, HOU M Z, DUAN G R. Adaptive multiple sliding surface control for integrated missile guidance and autopilot with terminal angular constraint: Proceedings of Chinese Control Conference, July 29-31, 2010 [C]. Beijing: IEEE, 2010.

[14] GUO B Z, ZHAO Z L. On convergence of nonlinear extended state observer for multi-input multi-output systems with uncertainty[J]. IET Control Theory and Applications, 2012, 6(15): 2375-2386.

[15] LI S, YANG J, CHEN W H, CHEN X. Generalized extended state observer based control for systems with mismatched uncertainties[J]. IEEE Transactions on Industrial Electronics, 2012, 59(12): 4792-4802.

[16] YOO D YAU S S T, GAO Z. On convergence of the linear extended state observer: Proceedings of IEEE International Symposium on Intelligent Control, October 4-6, 2006[C]. Munich, Germany: IEEE, 2009.

[17] LIU Y. Robust adaptive observer for nonlinear systems with unmodeled dynamics[J]. Automatica, 2009, 45:1891-1895.

[18] STEPANYAN V, HOVAKIMYAN N. Robust adaptive observer design

for uncertain systems with bounded disturbances: Proceeding of the 44th IEEE Conference on Decision and Control, December 15-15, 2005[C]. Seville, Spain: IEEE, 2006.

[19] KHALIL H K. High-gain observers in nonlinear feedback control[J]. Lecture Notes in Control and Information Sciences, 2014, 24 (6): 991-992.

[20] SLOTINE J J E, HEDRICK J K, MISAWA E A. On sliding observers for nonlinear systems[J]. Journal of Dynamic Systems, Measurement and Control. 1987, 109: 245-252.

[21] TAN C P, YU X, MAN Z. Terminal sliding mode observers for a class of nonlinear systems[J]. Automatica, 2010, 46: 1401-1404.

[22] DALY J M, WANG D W L. Output feedback sliding mode control in the presence of unknown disturbances[J]. 2009, 58: 188-193.

[23] TOURNES C H, SHTESSEL Y. Integrated guidance and autopilot for dual controlled missiles using higher order sliding mode controllers and observers: Priceedings of AIAA Guidance, Navigation and Control Conference and Exhibit, August 18-21, 2008 [C]. Honolulu, Hawaii: AIAA, 2012.

[24] SHTESSEL Y B, SHKOLNIKOV I A, LEVANT A. Guidance and control of missile interceptor using second-order sliding modes[J]. IEEE Transactions on Aerospace & Electronic Systems, 2009, 45 (1): 110-124.

[25] SHKOLNIKOV I, SHTESSEL Y, LIANOS D. Integrated guidance-control system of a homing interceptor-sliding mode approach: Proceedings of AIAA Guidance, Navigation, and Control Conference and Exhibit, August 06-09, 2001[C]. Montreal, Canada: AIAA, 2012.

[26] UTKIN V I . Sliding modes in control and optimization[M]. Berlin: Springer Berlin Heidelberg, 1992.

[27] HASKARA I, UTKIN V, OZGUNER U. On sliding mode observers via equivalent control approach[J]. International Journal of Control, 2010, 71(6): 1051-1067.

[28] YU S, YU X, SHIRINZADEH B, MAN Z. Continuous finite-time control for robotic manipulators with terminal sliding mode[J]. Automati-

ca, 2005, 41: 1957-1964.

[29] CHEN S Y, LIN F J. Robust nonsingular terminal sliding-mode control for nonlinear magnetic bearing system[J]. IEEE Transactions on Control Systems Technology, 2010, 19(3): 636-643.

[30] NEILA M B R, TARAK D. Adaptive terminal sliding mode control for rigid robotic manipulators[J]. International Journal of Automation and Computing, 2001, 8(2): 215-220.

[31] MAN Z H, PAPLINSKI A P, WU H R. A robust MIMO terminal sliding mode control scheme for rigid robotic manipulators[J]. IEEE Transactions on Automatic Control, 1994, 39(12): 2464 - 2469.

[32] ZHOU D. SUN S. Guidance laws with finite time convergence[J]. Journal of Guidance, Control and Dynamics, 2009, 32(6): 1838-1846.

[33] CHEN M S, YANG F Y. An LTR-observer-based dynamic sliding mode control for chattering reduction[J]. Automatica, 2007, 43(6): 1111-1116.

第4章 二维平面减小震颤的制导与控制一体化设计

4.1 引 言

滑模控制由于引入了高频不连续切换项,对系统不确定性和外部扰动具有好的鲁棒性。然而不连续切换项的引入又会引起控制输入的震颤[1]。在实际中,震颤能激起未建模高频动态,从而导致系统不稳定,因此在控制系统设计中,震颤是需要尽量避免的。

为了使导弹具有更好的杀伤效果,人们通常希望导弹能以期望的影响角拦截到目标。比如,希望打击地面固定目标的导弹能以尽可能大的影响角攻击目标的上表面[2]。很多文献,比如[3]~[7]在制导律的设计中考虑了影响角限制,但只能实现影响角跟踪误差的渐近收敛。在实际中,制导是一个有限时间过程,比如,在大气层内对弹道导弹的拦截,其末端制导仅有几秒的时间[8]。只有很少的文献考虑了带有影响角限制的有限时间拦截问题。基于有限时间稳定性理论和变结构控制理论,文献[9]提出了带有终端影响角限制的有限时间滑模制导律。文献[10]采用非奇异终端滑模控制理论提出的制导律能实现以期望的影响角在有限时间内拦截静止的或者以常值速度运动的目标。但文献[9][10]只设计了制导律没有设计控制器。文献[11][12][13][2][14]分别采用自适应控制、最优控制、主动扰动抑制控制、滑模控制和反演控制实现了带有终端影响角限制的制导与控制一体化设计,这些文献只考虑了导弹纵向线性化模型,但对非线性导弹模型进行控制器的设计实现期望的攻击将具有实际意义。

滑模控制具有较强的鲁棒性是因为控制输入中含有高频不连续信号,这使得系统能到达滑模面并沿着滑模面运动。滑模面定义了系统期望的运动,当系统沿着滑模面运动时就不再受外部不确定性和扰动的影响,但不连续的信号会引起控制输入的高频振荡。为了削弱震颤，这里采用边界层函数（即饱和函数）代替符号函数[15]~[17]。但前人很多工作中用饱和函数代替符号函数来降低震颤时并没有给出收敛性的证明。

实际上，使用饱和函数的控制器仅能保证系统收敛到滑模面附近的小邻域而不是滑模面[15]~[17]，这意味着系统状态不能收敛到原点。但本章提出的使用饱和函数的控制器不仅是连续的而且保证了系统状态收敛到原点。最后将提出的控制器应用到导弹拦截的部分制导与控制一体化设计中，实现了精确拦截和期望的攻击。

4.2　模型及问题描述

这里采用同第 2 章相同的导弹目标相对运动动态和导弹纵向非线性模型。

本章做如下假设：

假设 4-1：同文献[18]~[20]，假设 $A_{T\lambda}(t)$ 是可微的，并且 A_{Tr}，$A_{T\lambda}$，$\dot{A}_{T\lambda}$ 是有界的，即 $|A_{Tr}| \leqslant A_{Tr}^{\max}$，$|A_{T\lambda}| \leqslant A_{T\lambda}^{\max}$，$|\dot{A}_{T\lambda}| \leqslant \dot{A}_{T\lambda}^{\max}$。

假设 4-2：同文献[18]~[20]相似，假设 V_λ 和 V_r 是有界的，即 $|V_\lambda| \leqslant V_\lambda^{\max}$，$|V_r| \leqslant V_r^{\max}$。

注释 4-1：在实际中，由于目标具有一定的尺寸，只要导弹与目标之间的相对距离 r 位于区间 $r \in [r_{\min}, r_{\max}]$，就认为实现了精确的拦截[19][20]。因此，在整个拦截过程中，不等式 $r^0 \leqslant r(t) \leqslant r(0)$，$r^0 \in [r_{\min}, r_{\max}]$ 成立，其中，$r_{\min}$，$r_{\max}$ 与导弹和目标的尺寸有关，$r(0)$ 是弹目初始相对距离。

设 λ^* 为期望的常值视线角。考虑到当视线角速率 $\dot{\lambda}$ 保持零值时，有可能拦截到目标[7][21]，因此本章的设计目标可归结为 $\begin{cases} \lambda \to \lambda^* \\ \dot{\lambda} \to 0 \end{cases}$。定义 $e_\lambda = \lambda - \lambda^*$，则上述设计目标可以写成 $\begin{cases} e_\lambda \to 0 \\ \dot{e}_\lambda \to 0 \end{cases}$。在导弹拦截问题中，$\dot{e}_\lambda \to 0$ 意味着实现了拦截，$e_\lambda \to 0$ 则指实现了终端影响角限制。

4.3　采用边界层函数的控制器

考虑如下的 n 阶系统

$$\begin{cases} \dot{x}_1 = x_2 \\ \dot{x}_2 = x_3 \\ \vdots \\ \dot{x}_{n-1} = x_n \\ \dot{x}_n = f(\boldsymbol{x},t) + b(\boldsymbol{x},t)u + d(\boldsymbol{x},t) \end{cases} \tag{4-1}$$

其中，$\boldsymbol{x} = [x_1, x_2, \cdots, x_n]^{\mathrm{T}}$ 是系统的状态向量，u 是系统的控制输入，$f(\boldsymbol{x},t)$ 和 $b(\boldsymbol{x},t) \neq 0$ 是已知的函数，$d(\boldsymbol{x},t)$ 是有界不确定项且满足 $|d(\boldsymbol{x},t)| \leqslant d_{\max}$，$d_{\max}$ 是正常数。

选取滑模变量为[22]~[24]：

$$s(\boldsymbol{x}(t)) = x_n(t) - x_n(t_0) + \int_{t_0}^{t} \omega_{\mathrm{nom}}(\boldsymbol{x}(v))\mathrm{d}v \tag{4-2}$$

其中，$\omega_{\mathrm{nom}}(\boldsymbol{x}(t)) = c_1 \mathrm{sgn}(x_1)|x_1|^{\alpha_1} + \cdots + c_n \mathrm{sgn}(x_n)|x_n|^{\alpha_n}$，$c_i > 0$ 和 $\alpha_i > 0$，$i = 1, 2, \cdots, n$ 是两组待设计的参数；选取 c_i 使得多项式 $\lambda^n + c_n\lambda^{n-1} + \cdots + c_2\lambda + c_1$ 是胡尔维茨稳定的；α_i 的选取满足

$$\alpha_{i-1} = \frac{\alpha_i \alpha_{i+1}}{2\alpha_{i+1} - \alpha_i}, \quad i = 2, \cdots, n$$

$$\alpha_{n+1} = 1, \quad \alpha_n = \alpha, \quad \alpha \in (1-\varepsilon, 1), \quad \varepsilon \in (0,1)^{[22]\sim[25]}$$

$\mathrm{sgn}(x_i)$，$i = 1, \cdots, n$ 是 x_i 的符号函数。t_0 是初始时刻。

当系统到达滑模面并保持在滑模面上运动（即 $s = 0$）时，有

$$x_n(t) - x_n(t_0) = -\int_{t_0}^{t} \omega_{\mathrm{nom}}(\boldsymbol{x}(v))\mathrm{d}v$$

对上式微分有 $\dot{x}_n = -\omega_{\mathrm{nom}}(\boldsymbol{x}(t))$，即此时系统的动态为

$$\begin{cases} \dot{x}_1 = x_2 \\ \dot{x}_2 = x_3 \\ \vdots \\ \dot{x}_n = -c_1 \mathrm{sgn}(x_1)|x_1|^{\alpha_1} - \cdots - c_n \mathrm{sgn}(x_n)|x_n|^{\alpha_n} \end{cases}$$

该系统能从任意初始点在有限时间内收敛到平衡点 $\boldsymbol{x} = [x_1, \cdots, x_n]^{\mathrm{T}} = [0, \cdots, 0]^{\mathrm{T}[22] \sim [25]}$。

对于系统(4-1)提出控制器

$$u = -b^{-1}(\boldsymbol{x}, t)\Big[f(\boldsymbol{x}, t) + \omega_{\mathrm{nom}}(\boldsymbol{x}(t)) + k_1 \hat{d}_{\max} |s|^{-\rho_1} \mathrm{sat}\Big(\frac{s}{\delta}\Big) +$$

$$\hat{d}_{\max} \mathrm{sat}\Big(\frac{s}{\delta}\Big) + k_2 |s| \mathrm{sat}\Big(\frac{s}{\delta}\Big)\Big] \tag{4-3}$$

$$\dot{\hat{d}}_{\max} = \gamma |s|, \quad \hat{d}_{\max}(t_0) > 0$$

其中，$\mathrm{sat}\Big(\dfrac{s}{\delta}\Big) = \begin{cases} \mathrm{sgn}(s), & |s| > \delta \\ \dfrac{s}{\delta}, & |s| \leqslant \delta \end{cases}$，$\delta > 0$ 和 $\gamma > 0$ 是任意常数，t_0 是初始

时刻。

定理 4-1： 考虑系统(4-1)和滑模变量(4-2)。当选取 $1 < \rho_1 < 2$，$k_1 > \delta^{\rho_1}$，$k_2 > 0$ 和 $\hat{d}_{\max}(t_0) > 0$ 时，控制器(4-3)能实现当 $t \to \infty$ 时，$s \to 0$。

证明 4-1： 证明定理 4-1。

由 $\hat{d}_{\max}(t_0) > 0$ 和 $\dot{\hat{d}}_{\max} \geqslant 0$ 可得 $\hat{d}_{\max}(t) \geqslant \hat{d}_{\max}(t_0) > 0$，$\forall t \geqslant t_0$。定义 $\tilde{d}_{\max} = d_{\max} - \hat{d}_{\max}$，考虑李雅普诺夫函数 $V_1 = \dfrac{1}{2}s^2 + \dfrac{1}{2\gamma}\tilde{d}_{\max}^2$，这里有两种情况：

情况 1：$|s| > \delta$，此时 $\mathrm{sat}\Big(\dfrac{s}{\delta}\Big) = \mathrm{sgn}(s)$，则滑模变量 s 的一阶导数为

$$\dot{s} = d(\boldsymbol{x}, t) - k_1 \hat{d}_{\max} |s|^{-\rho_1} \mathrm{sgn}(s) - \hat{d}_{\max} \mathrm{sgn}(s) - k_2 |s| \mathrm{sgn}(s) \tag{4-4}$$

对李雅普诺夫函数 V_1 求一阶导数，并利用 $\hat{d}_{\max}(t) \geqslant \hat{d}_{\max}(t_0) > 0$ 有

$$\dot{V}_1 = s\dot{s} + \frac{1}{\gamma}\tilde{d}_{\max}\dot{\tilde{d}}_{\max} =$$

$$d(\boldsymbol{x}, t)s - k_1\hat{d}_{\max}|s|^{1-\rho_1} - \hat{d}_{\max}|s| - k_2|s|^2 - \tilde{d}_{\max}|s| \leqslant$$

$$d_{\max}|s| - k_1\hat{d}_{\max}|s|^{1-\rho_1} - \hat{d}_{\max}|s| - k_2|s|^2 - \tilde{d}_{\max}|s| =$$

$$-k_1\hat{d}_{\max}|s|^{1-\rho_1} - k_2|s|^2 \leqslant -k_2|s|^2$$

情况 2：$|s| \leqslant \delta$，此时 $\mathrm{sat}\left(\dfrac{s}{\delta}\right) = \dfrac{s}{\delta}$，则滑模变量 s 的一阶导数为

$$\dot{s} = d(\boldsymbol{x}, t) - k_1 \hat{d}_{\max} |s|^{-\rho_1} \frac{s}{\delta} - \hat{d}_{\max} \frac{s}{\delta} - k_2 |s| \frac{s}{\delta} =$$

$$d(\boldsymbol{x}, t) - k_1 \hat{d}_{\max} |s|^{1-\rho_1} \frac{\mathrm{sgn}(s)}{\delta} - \hat{d}_{\max} \frac{s}{\delta} - k_2 |s| \frac{s}{\delta} \quad (4-5)$$

对李雅普诺夫函数 V_1 求一阶导数，并利用 $k_1 > \delta^{\rho_1}$ 和 $\hat{d}_{\max}(t) \geqslant \hat{d}_{\max}(t_0) > 0$ 有

$$\dot{V}_1 = s\dot{s} + \frac{1}{\gamma} \tilde{d}_{\max} \dot{\tilde{d}}_{\max} =$$

$$d(\boldsymbol{x}, t)s - \frac{k_1}{\delta} \hat{d}_{\max} |s|^{2-\rho_1} - \frac{\hat{d}_{\max}}{\delta} |s|^2 - \frac{k_2}{\delta} |s|^3 - \tilde{d}_{\max} |s| \leqslant$$

$$d_{\max} |s| - \frac{k_1}{\delta} \hat{d}_{\max} |s|^{2-\rho_1} - \frac{\hat{d}_{\max}}{\delta} |s|^2 - \frac{k_2}{\delta} |s|^3 - \tilde{d}_{\max} |s| =$$

$$\hat{d}_{\max} |s| - \frac{k_1}{\delta} \hat{d}_{\max} |s|^{2-\rho_1} - \frac{\hat{d}_{\max}}{\delta} |s|^2 - \frac{k_2}{\delta} |s|^3 \leqslant$$

$$\hat{d}_{\max} |s| - \frac{k_1}{\delta} \hat{d}_{\max} |s|^{2-\rho_1} - \frac{\hat{d}_{\max}}{\delta} |s|^2 \leqslant$$

$$\hat{d}_{\max} |s|^{2-\rho_1} \left(|s|^{\rho_1-1} - \frac{k_1}{\delta} \right) - \frac{\hat{d}_{\max}(t_0)}{\delta} |s|^2 \leqslant$$

$$\hat{d}_{\max} |s|^{2-\rho_1} \left(\delta^{\rho_1-1} - \frac{k_1}{\delta} \right) - \frac{\hat{d}_{\max}(t_0)}{\delta} |s|^2 \leqslant$$

$$- \frac{\hat{d}_{\max}(t_0)}{\delta} |s|^2$$

令 $K = \min\left\{ k_2, \dfrac{\hat{d}_{\max}(t_0)}{\delta} \right\}$，则上述两种情况可总结为 $\dot{V}_1 \leqslant -K|s|^2 \leqslant 0$。这意味着 $V_1(t) \leqslant V_1(0)$，进而有 $s \in \mathcal{L}_\infty$ 和 $\tilde{d}_{max} \in \mathcal{L}_\infty$。对不等式 $\dot{V}_1 \leqslant -K|s|^2$ 从零到无穷积分有 $\displaystyle\int_0^\infty |s|^2 \mathrm{d}t \leqslant \dfrac{V_1(0) - V_1(\infty)}{K} \in \mathcal{L}_\infty$，即 $s \in \mathcal{L}_2$。考虑式(4-4)和式(4-5)，因为 $s \in \mathcal{L}_\infty$，所以 $\dot{s} \in \mathcal{L}_\infty$。因此根据

第 1 章引理 1-4，s 渐近收敛到零。

注释 4-2：提出的控制器（4-3）包含项

$$
k_1\hat{d}_{\max}|s|^{-\rho_1}\mathrm{sat}\left(\frac{s}{\delta}\right)=\begin{cases}k_1\hat{d}_{\max}\dfrac{\mathrm{sgn}(s)}{|s|^{\rho_1}}, & |s|>\delta \\[3mm] k_1\hat{d}_{\max}\dfrac{|s|^{1-\rho_1}\mathrm{sgn}(s)}{\delta}, & |s|\leqslant\delta\end{cases}
$$

因为 $0<\rho_1<1$，项 $k_1\hat{d}_{\max}|s|^{-\rho_1}\mathrm{sat}\left(\dfrac{s}{\delta}\right)$ 是连续的，所以提出的控制器（4-3）也是连续的。

注释 4-2：文献[19][26]使用观测器来估计不确定性和扰动；文献[25][27][28]使用不确定性和扰动的界来构造控制器，但本章所提出的控制器不需要任何关于不确定性和扰动的信息，仅要求不确定性和扰动是有界的，且界不需要已知。$\hat{d}_{\max}(t)$ 的初始值 $\hat{d}_{\max}(t_0)$ 可以是任意的正常数。

注释 4-4：注意到，控制器（4-3）使用的是连续的饱和函数而不是不连续的符号函数，依然能在理论上证明滑模变量收敛到零。然而很多文献中用饱和函数替代符号函数时，只能使滑模变量收敛到零的一个小邻域内[15]~[17]。

注释 4-5：如果扰动的界 $d_{\max}$ 已知，此时选取控制器参数 $\rho_1=1$，$k_1>\delta$，$k_2>\dfrac{d_{\max}}{\delta}$ 和 $\hat{d}_{\max}(t_0)>d_{\max}$，则控制器（4-3）能在有限时间内实现 $s\rightarrow0$，这可由李雅普诺夫稳定性理论证明。在这种情况下，提出的控制器可以写成

$$
u=\begin{cases}-b^{-1}(\boldsymbol{x},t)\Big[(\boldsymbol{x},t)+\omega_{\mathrm{nom}}(\boldsymbol{x}(t))+k_1\hat{d}_{\max}\dfrac{1}{s} \\ \qquad\qquad +\hat{d}_{\max}\mathrm{sgn}(s)+k_2s\Big], & |s|>\delta \\[4mm] -b^{-1}(\boldsymbol{x},t)\Big[f(\boldsymbol{x},t)+\omega_{\mathrm{nom}}(\boldsymbol{x}(t))+k_1\hat{d}_{\max}\dfrac{\mathrm{sgn}(s)}{\delta} \\ \qquad\qquad +\hat{d}_{\max}\dfrac{s}{\delta}+k_2\dfrac{s|s|}{\delta}\Big], & |s|\leqslant\delta\end{cases}
$$

与文献[25][27]相似，该控制器是不连续的。

4.4　制导与控制一体化设计

本节先推导制导与控制一体化模型,最后进行制导与控制一体化设计。

4.4.1　制导与控制一体化模型

控制目标即设计升降舵偏转量 δ_e 以实现 $e_\lambda \to 0$ 和 $\dot{e}_\lambda \to 0$。考虑到导弹平移动态与旋转动态之间存在时间分离,这里采用具有两环结构的部分制导与控制一体化设计方法。外环使用俯仰速率指令 q_c 作为虚拟控制输入,外环的目标是设计 q_c 以实现 $e_\lambda \to 0$ 和 $\dot{e}_\lambda \to 0$。内环的目标是设计升降舵偏转量 δ_e 使得俯仰速率 q 在有限时间内跟踪上外环产生的俯仰速率指令 q_c。

外环一体化模型:对 e_λ 微分直到虚拟控制输入 q_c 出现,可得外环一体化模型

$$\begin{cases} \dot{y}_1 = y_2 \\ \dot{y}_2 = y_3 \\ \dot{y}_3 = f_1 + b_1 q_c + \Delta \end{cases} \tag{4-6}$$

其中,

$$y_1 = e_\lambda, \quad y_2 = \dot{e}_\lambda, \quad y_3 = \ddot{e}_\lambda, \quad \boldsymbol{y} = \begin{bmatrix} y_1 & y_2 & y_3 \end{bmatrix}^T$$

$$f_1 = \frac{6V_r^2 V_\lambda - 2V_\lambda^3}{r^3} + \frac{3n_L(V_\lambda \sin(\lambda - \gamma_M) + V_r \cos(\lambda - \gamma_M))}{r^2} +$$

$$\frac{\cos(\lambda - \gamma_M)n_L}{rT_a} - \frac{\sin(\lambda - \gamma_M)\dot{\gamma}_M n_L}{r},$$

$$b_1 = -\frac{\cos(\lambda - \gamma_M)V_M}{T_a r}, \quad \Delta = \boldsymbol{g} \cdot \boldsymbol{d},$$

$$\boldsymbol{g} = \begin{bmatrix} -2V_\lambda/r^2 & -3V_r/r^2 & 1/r \end{bmatrix}, \quad \boldsymbol{d}^T = \begin{bmatrix} A_{Tr} & A_{T\lambda} & \dot{A}_{T\lambda} \end{bmatrix}$$

内环一体化模型:定义俯仰速率跟踪误差 $s_2 = q_c - q$,对 s_2 求一阶导数可得内环一体化模型,为

$$\dot{s}_2 = f_2 + b_2 \delta_e \tag{4-7}$$

其中，$f_2 = \dot{q}_c - \dfrac{k_M \rho V_M^2 c_{m0}(\alpha, M_m)}{I_{yy}}$，$b_2 = -\dfrac{k_M \rho V_M^2 c_m^{\delta_e}}{I_{yy}}$。

4.4.2　制导与控制一体化设计

对于外环一体化模型(4-6)，依据定理 4-1，可设计外环控制器为

$$\begin{cases} q_c = -b_1^{-1}\Big[f_1 + \omega_{\text{nom}}(\boldsymbol{y}(t)) + K_1 \hat{\Delta}_{\max} |s_1|^{-e_1} \text{sat}\Big(\dfrac{s_1}{\delta_1}\Big) + \\ \qquad\quad \hat{\Delta}_{\max} \text{sat}\Big(\dfrac{s_1}{\delta_1}\Big) + K_2 |s_1| \text{sat}\Big(\dfrac{s_1}{\delta_1}\Big) \Big] \\ \dot{\hat{\Delta}}_{\max} = \gamma_1 |s_1| \end{cases} \tag{4-8}$$

其中，
$$s_1 = y_3(t) - y_3(t_0) + \int_{t_0}^{t} \omega_{\text{nom}}(\boldsymbol{y}(v)) \mathrm{d}v$$

$$\omega_{\text{nom}}(\boldsymbol{y}(t)) = \bar{c}_1 \text{sgn}(y_1)|y_1|^{\bar{\alpha}_1} + \bar{c}_2 \text{sgn}(y_2)|y_2|^{\bar{\alpha}_2} + \bar{c}_3 \text{sgn}(y_3)$$
$|y_3|^{\bar{\alpha}_3}$，$\bar{c}_i > 0$ 和 $\bar{\alpha}_i > 0 (i = 1, 2, 3)$ 是两组待设计的参数，选取 $\bar{c}_i$ 使得多项式 $\lambda^3 + \bar{c}_3 \lambda^2 + \bar{c}_2 \lambda + \bar{c}_1$ 是胡尔维茨的，选取 $\bar{\alpha}_i$ 满足 $\bar{\alpha}_{i-1} = \dfrac{\bar{\alpha}_i \bar{\alpha}_{i+1}}{2\bar{\alpha}_{i+1} - \bar{\alpha}_i}$，$i = 2, 3$，$\bar{\alpha}_4 = 1$，$\bar{\alpha}_3 = \alpha$，$\alpha \in (1 - \varepsilon, 1)$，$\varepsilon \in (0, 1)$，$\gamma_1$ 和 δ_1 是任意正常数。

注释 4-6：如果控制器(4-8)参数选为 $K_1 > \delta_1^{e_1}$，$K_2 > 0$，$1 < e_1 < 2$ 和 $\hat{\Delta}_{\max}(t_0) > 0$，则在外环控制器(4-8)的作用下，滑模变量 s_1 渐近收敛到零。此时扰动的界是不需要已知的。

注释 4-7：如果控制器(4-8)参数选为 $K_1 > \delta_1$，$K_2 > \dfrac{\Delta_{\max}}{\delta_1}$，$e_1 = 1$ 和 $\hat{\Delta}_{\max}(t_0) > \Delta_{\max}$，则在外环控制器(4-8)的作用下，滑模变量 s_1 在有限时间内收敛到零，此时扰动的界是需要已知的。

注释 4-8：注意到控制器(4-8)中含有 $y_2 = \dot{\lambda}$ 和 $y_3 = \ddot{\lambda}$，$\dot{\lambda}$ 可由 $\dot{\lambda} = \dfrac{V_\lambda}{r}$ 得到，$\ddot{\lambda}$ 在实际中是不可用的。这里采用滑模观测器[18][20]来产生 $\ddot{\lambda}$ 的估计。令 $\hat{\lambda}$，$\dot{\hat{\lambda}}$ 和 $\ddot{\hat{\lambda}}$ 分别为 λ 及其导数的估计，滑模观测器具有下面的

形式

$$\begin{cases} \ddot{\hat{\lambda}}(t) = \rho_0 \mathrm{sgn}(J_0) \\ \dot{\chi} = \zeta |\lambda - \hat{\lambda}(t)|^{1/2} \mathrm{sgn}(\lambda - \hat{\lambda}(t)) - \xi |J_0|^{1/2} \mathrm{sgn}(J_0) \\ J_0 = \chi + \lambda - \hat{\lambda}(t). \end{cases}$$

如果恰当地选取常数 $\xi > \zeta > 0$ 和 $\rho_0 > 0$，那么 $\ddot{\hat{\lambda}} - \ddot{\lambda} \to 0$ 能在有限时间内实现。

对于内环一体化模型(4-7)，提出控制器

$$\delta_e = -b_2^{-1}(f_2 + K_3 |s_2|^{e_2} \mathrm{sgn}(s_2)) \tag{4-9}$$

其中，$K_3 > 0$ 和 $0 < e_2 < 1$ 是待设计的常数。内环控制器(4-9)能保证实际的俯仰速率 q 在有限时间内跟踪俯仰速率指令 q_c。当 $q = q_c$ 时，e_λ 和 $\dot{e}_\lambda$ 也将收敛到零，即实现了精确的拦截和期望的视线角。

4.5　仿　真

仿真中考虑地对空导弹拦截目标的最后阶段。首先，罗列仿真参数和初始条件，然后给出两种目标机动来验证提出的控制器的性能，最后将提出的控制器与文献[25]中的控制器作性能比较。

4.5.1　仿真参数

1. 目标参数

初始速度：$V_{Tx}(0) = -104$ m/s，$V_{Ty}(0) = -333$ m/s；

初始位置：$x_T(0) = 3\,510$ m，$y_T(0) = 1\,918$ m；

最大加速度：$|A_{Tr}^{\max}| = 20g$ m/s^2，$|A_{T\lambda}^{\max}| = 20g$ m/s^2；

重力加速度：$g = 9.81$ m/s^2。

2. 拦截器参数

初始加速度：$n_L(0) = 0$ m/s^2；

初始航迹角：$\gamma_M(0) = 23°$；

初始攻角：$\alpha(0) = 5.73°$；

初始速度：$V = 800$ m/s；

质量：$m = 144$ kg；

绕俯仰轴的转动惯量：$I_{yy} = 136$ kg·m^2；

几何常数：$k_F = 0.014\ 3$ m^2，$k_M = 0.002\ 7$ m^3；

大气密度：$\rho = 0.264\ 1$ kg/m^3；

最大升降舵偏转量：$\delta_e^{max} = 30°$；

初始位置：$x_M(0) = y_M(0) = 0$ m。

3. 几何参数

初始视线角：$\lambda(0) = 28.5°$；

初始相对距离：$r(0) = 4\ 000$ m。

4.5.2　有效性验证

为了验证提出的控制器的有效性，考虑如下四种情况。

情况 1：目标做正弦机动，$A_{Tr}(t) = 20g \cdot \sin t$ m/s^2，$A_{T\lambda}(t) = 20g \cdot \sin t$ m/s^2。期望的视线角为 $\lambda^* = 30°$。

情况 2：目标沿视线方向做方波机动，幅值为 $20g$ m/s^2，周期为 1 s，相位延迟为 0.5 s；垂直视线方向做正弦机动，即 $A_{T\lambda}(t) = 20g \cdot \sin t$ m/s^2。期望的视线角为 $\lambda^* = 30°$。

情况 3：目标做正弦机动，$A_{Tr}(t) = 20g \cdot \sin t$ m/s^2，$A_{T\lambda}(t) = 20g \cdot \sin t$ m/s^2。期望的视线角为 $\lambda^* = 50°$。

情况 4：目标沿视线方向做方波机动，幅值为 $20g$ m/s^2，周期为 1 s，相位延迟为 0.5 s；垂直视线方向做正弦机动，即 $A_{T\lambda}(t) = 20g \cdot \sin t$ m/s^2。期望的视线角为 $\lambda^* = 50°$。

四种情况的仿真曲线包括视线角 λ，视线角速率 $\dot{\lambda}$，俯仰速率跟踪误差 s_2，导弹俯仰速率 q；导弹和目标的 x, y 坐标和轨迹，导弹升降舵偏转量 δ_e。对应曲线见图 4-1~图 4-8。四种情况所需的拦截时间 t_f、拦截时刻的相对距离 $r(t_f)$ 和拦截时刻的视线角 $\lambda(t_f)$ 见表 4-1。从仿真曲线图和拦截参数可以看出，提出的控制器(4-8)和(4-9)是有效的。

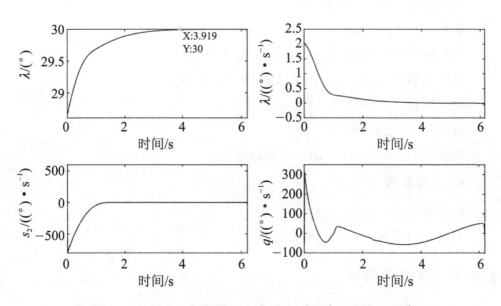

图 4-1　情况 1 的仿真曲线图:视线角 λ,视线角速率 $\dot{\lambda}$,
俯仰速率跟踪误差 s_2,俯仰速率 q

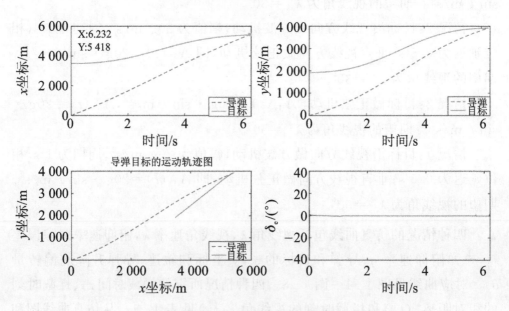

图 4-2　情况 1 的仿真曲线图:导弹和目标的 x,y 坐标,
运动轨迹和升降舵偏转 δ_e

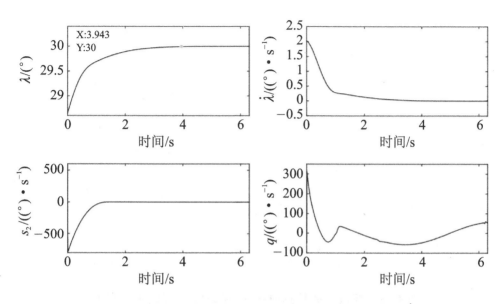

图 4 - 3　情况 2 的仿真曲线图:视线角 λ ,视线角速率 $\dot{\lambda}$,

俯仰速率跟踪误差 s_2 ,俯仰速率 q

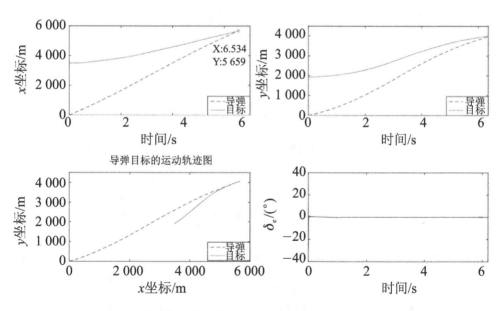

图 4 - 4　情况 2 的仿真曲线图:导弹和目标的 x , y 坐标,

运动轨迹和升降舵偏转 δ_e

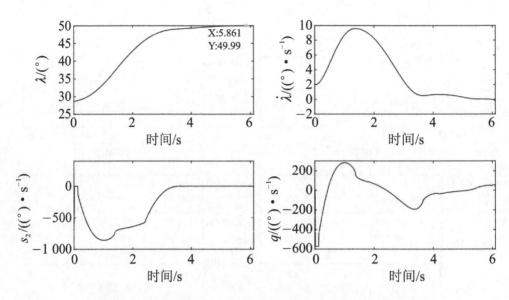

图 4-5 情况 3 的仿真曲线图:视线角 λ,视线角速率 $\dot{\lambda}$,

俯仰速率跟踪误差 s_2,俯仰速率 q

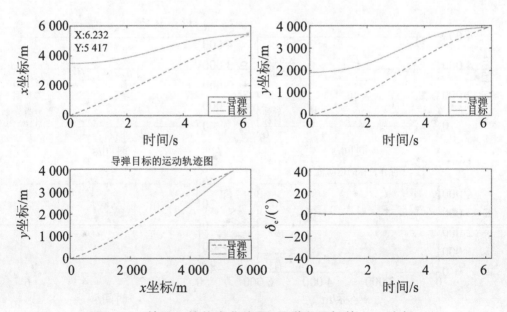

图 4-6 情况 3 的仿真曲线图:导弹和目标的 x,y 坐标,

运动轨迹和升降舵偏转 δ_e

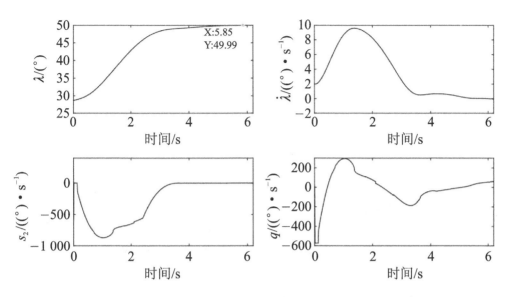

图 4 - 7　情况 4 的仿真曲线图：视线角 λ，视线角速率 $\dot{\lambda}$，
俯仰速率跟踪误差 s_2，俯仰速率 q

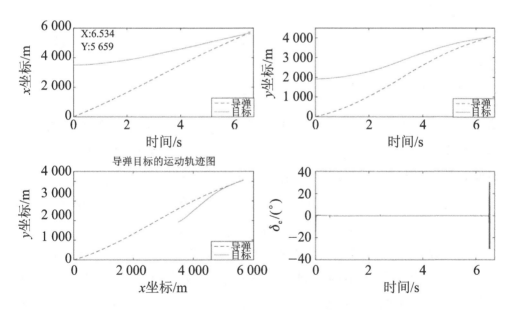

图 4 - 8　情况 4 的仿真曲线图：导弹和目标的 x，y 坐标，
运动轨迹和升降舵偏转 δ_e

表 4-1　四种情况下的末端值

情　况	$r(t_f)/\text{m}$	$\lambda(t_f)/(°)$	t_f/s
情况 1	0.884 1	30	6.232
情况 2	0.981 1	30	6.534
情况 3	0.449 2	49.99	6.153
情况 4	0.702 7	49.99	6.26

4.5.3　仿真比较

为了进一步验证提出的控制器的性能,这里将提出的控制器(4-8)、(4-9)与文献[25]中的控制器性能做比较。

依据文献[25]的思想,对内外环一体化模型(4-6)(4-7)设计如下的控制器:

$$\begin{cases} q_c = -b_1^{-1}(f_1 + \omega_{\text{nom}}(y(t)) + \eta_1 \text{sgn}(s_1)) \\ \delta_e = -b_2^{-1}(f_2 + \eta_2 \text{sgn}(s_2)) \end{cases} \quad (4-10)$$

其中,$\eta_1 > \Delta_{\max}$,$\eta_2 > 0$。控制器(4-10)能在有限时间内实现期望的视线角和精确的拦截。

考虑正弦机动的目标 $A_{\text{Tr}}(t) = 20g \cdot \sin t \text{ m/s}^2$,$A_{\text{T}\lambda}(t) = 20g \cdot \sin t \text{ m/s}^2$,期望的视线角为 $\lambda^* = 30°$。仿真曲线包括视线角 λ,视线角速率 $\dot{\lambda}$,俯仰速率跟踪误差 s_2,导弹俯仰速率 q,导弹和目标的 x,y 坐标和轨迹,导弹升降舵偏转量 δ_e,曲线图见图 4-9 和图 4-10。

对比图 4-1 和图 4-9 可以发现,使用提出的控制器(4-8)和(4-9),视线角大约在 3.919 s 收敛到期望的值 30°,整个拦截过程需要 6.232 s。使用控制器(4-10),视线角大约在 3.895 s 收敛到 30°,整个拦截过程需要 6.232 s。即使用所提出的控制器(4-8)、(4-9)与使用控制器(4-10)的收敛时间大致相同,但对比图 4-9、图 4-10 与图 4-1、图 4-2 可以发现,使用控制器(4-10)得到的仿真曲线出现了很大的震颤。

为了降低震颤,经常用饱和函数来替代符号函数[15]~[17],此时控制器(4-10)可写为

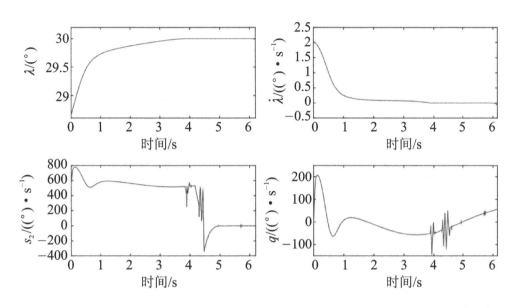

图 4 - 9　控制器 (4 - 10) 的仿真曲线图:视线角 λ,视线角速率 $\dot{\lambda}$,
俯仰速率跟踪误差 s_2,俯仰速率 q

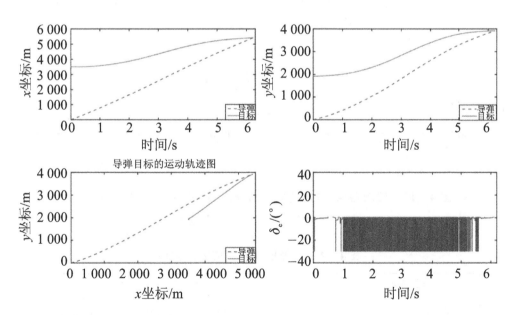

图 4 - 10　控制器 (4 - 10) 的仿真曲线图:导弹和目标的 x,y 坐标,
运动轨迹和升降舵偏 δ_e

$$\begin{cases} q_c = -b_1^{-1}\left(f_1 + \omega_{\text{nom}}\left(y(t)\right) + \eta_1 \text{sat}\left(\dfrac{s_1}{\varepsilon}\right)\right) \\ \delta_e = -b_2^{-1}\left(f_2 + \eta_2 \text{sat}\left(\dfrac{s_2}{\varepsilon}\right)\right) \end{cases} \tag{4-11}$$

其中, ε 为小的正常数。

控制器(4-11)所对应的仿真曲线见图4-11和图4-12。令 t_s 为视线角收敛到期望值所需的时间, t_f 为整个拦截过程所需的时间, $r(t_f)$ 为拦截时刻的相对距离, $\lambda(t_f)$ 为拦截时刻的视线角。表4-2所列为分别采用提出的控制器(4-8)、(4-9),控制器(4-10)和控制器(4-11)得到的末端值。

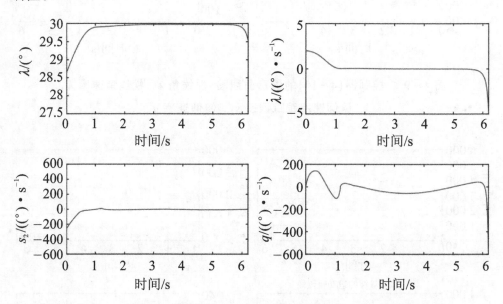

图 4-11 控制器(4-11)的仿真曲线图:视线角 λ ,视线角速率 $\dot{\lambda}$,
俯仰速率跟踪误差 s_2 ,俯仰速率 q

表 4-2 三种控制器对应的末端值

控制器	$r(t_f)/\text{m}$	$\lambda(t_f)/(°)$	t_s/s	t_f/s
控制器(4-8)、(4-9)	0.884 1	30	3.919	6.232
控制器(4-11)	0.444 7	30	3.895	6.232
控制器(4-11)	0.673	28.96	3.397	6.228

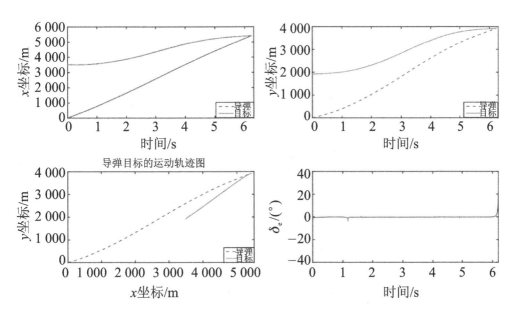

图 4 - 12　控制器(4 - 11)的仿真曲线图:导弹和目标的 x,y 坐标,
运动轨迹和升降舵偏 δ_e

对比控制器(4 - 10)与控制器(4 - 11)的仿真曲线可以看出,采用控制器(4 - 11),震颤减小了,但出现了大的稳态误差。这是因为使用饱和函数的控制器(4 - 11)只能保证系统收敛到滑模面的小邻域内而不是滑模面。图 4 - 1 和图 4 - 2 的仿真曲线表明所提出的控制器不仅能减小震颤还能实现零跟踪误差,因此提出的控制器具有更好的性能。

参考文献

[1] SHTESSEL Y B, TALEB M, PLESTAN F. A novel adaptive-gain super-twisting sliding mode controller[J]. Automatica, 2012, 48(5): 759-769.

[2] OZA H B, PADHI R. A nonlinear suboptimal guidance law with 3D impact angle constraints for ground targets: Proceedings of AIAA Guidance Navigation and Control Conference, August 2-5, 2010[C]. Toronto, Ontario Canada: AIAA, 2012.

[3] KIM M, GRIDER K V. Terminal guidance for impact attitude angle constrained flight trajectories[J]. IEEE Transactions on Aerospace and Elec-

tronic Systems, 1973, 9(6): 852-859.

[4] RAO S, GHOSE D. Sliding mode control based terminal impact angle constrained guidance laws using dual sliding surfaces: Proceedings of the 12th IEEE Workshop on Variable Structure Systems, Jan 12-14, 2012 [C]. Mumbai, India: IEEE, 2012.

[5] KIM B S, LEE J G, HAN H S. Biased PNG law for impact with angular constraint[J]. IEEE Transactions on Aerospace and Electronic Systems, 1998, 34(1): 277-288.

[6] LEE C, KIM T, TAHK M. Design of impact angle control guidance laws via high-performance sliding mode control[J]. Journal of Aerospace Engineering, 2012, 227(2): 235-253.

[7] GU W J, YU J Y, ZHANG R C. A three-dimensional missile guidance law with angle constraint based on sliding mode control: Proceedings of IEEE International Conference on Control and Automation, 30 May-1 June, 2007[C]. Guangzhou: IEEE, 2007.

[8] SUN S, ZHOU D, HOU W. A guidance law with finite time convergence accounting for autopilot lag[J]. Aerospace Science and Technology, 2013, 25(1): 132-137.

[9] ZHANG Y, SUN M, CHEN Z. Finite-time convergent guidance law with impact angle constraint based on sliding-mode control[J]. Nonlinear Dynamics, 2012, 70(1): 619-625.

[10] KUMAR S R, RAO S, GHOSE D. Non-singular terminal sliding mode guidance and control with terminal angle constraints for non-maneuvering targets: Proceedings of the 12th International Workshop on Variable Structure Systems, January 12-14, 2012[C]. Mumbai, India: IEEE, 2012.

[11] GUO J, ZHOU J. Integrated guidance and control of homing missile with impact angular constraint: Proceedings of International Conference on Measuring Technology and Mechatronics Automation, March 13-14, 2010[C]. Changsha: IEEE, 2010.

[12] YUN J, RYOO C K. Integrated guidance and control law with impact angle constraint: Proceedings of the 11th International Conference on Control, Automation and Systems, October 26-29, 2011[C]. Gyeonggi-

do，Korea：IEEE，2011.

[13] ZHAO C，HUANG Y. ADRC based integrated guidance and control scheme for the interception of maneuvering targets with desired LOS angle：Proceedings of Chinese Control Conference，July 29-31，2010[C]. Beijing：IEEE，2010.

[14] SHIN H S，HWANG T W，TSOURDOS A，WHITE B A，TAHK M J. Integrated intercept missile guidance and control with terminal angle constraint：Proceedings of the 26th International Congress of the Aeronautical Sciences，2008[C]. Piscataway，NJ：IEEE，2008.

[15] YU S，YU X，SHIRINZADEH B，MAN Z. Continuous finite-time control for robotic manipulators with terminal sliding mode[J]. Automatica，2005，41：1957-1964.

[16] ZHIHONG M，PAPLINSKI A P，Wu H R. A robust MIMO terminal sliding mode control scheme for rigid robotic manipulators[J]. IEEE Transactions on Automatic Control，1994，39(12)：2464-2469.

[17] ZHU Z，XIA Y，FU M. Adaptive sliding mode control for attitude stabilization with actuator saturation[J]. IEEE Transactions on Industrial Electronics，2011，58(10)：4898-4907.

[18] TOURNES C，SHTESSEL Y. Integrated guidance and autopilot for dual controlled missiles using higher order sliding mode controllers and observers：Proceedings of AIAA Guidance，Navigation and Control Conference and Exhibit，August 18-21，2008[C]. Honolulu，Hawaii：AIAA，2012.

[19] SHTESSEL Y B，SHKOLNIKOV I A，LEVANT A. Guidance and control of missile interceptor using second-order sliding modes[J]. IEEE Transactions on Aerospace & Electronic Systems，2009，45(1)：110-124.

[20] SHTESSEL Y B，TOURNES C H. Integrated higher-order sliding mode guidance and autopilot for dual-control missiles[J]. Journal of Guidance，Control，and Dynamics，2009，32(1)：79-94.

[21] WU P，YANG M. Integrated guidance and control design for missile with terminal impact angle constraint based on sliding mode control[J]. Journal of Systems Engineering and Electronics，2010，21(4)：623-628.

[22] SHTESSEL Y，EDWARDS C，FRIDMAN L，LEVANT A. Sliding

　　　　mode control and observation[M]. New York: Springer New York,
　　　　2014.

[23] UTKIN V I . Sliding modes in control and optimization[M]. Berlin:
　　　　Springer Berlin Heidelberg, 1992.

[24] ZONG Q, ZHAO Z S, ZHANG J. Higher order sliding mode control
　　　　with self-tuning law based on integral sliding mode[J]. IET Control The-
　　　　ory and Applications, 2010, 4(7): 1282-1289.

[25] FENG Y, YU X, HAN F. On nonsingular terminal sliding-mode control
　　　　of nonlinear systems[J]. Automatica, 2013, 49(6): 1715-1722.

[26] HWANG T W, TAHK M J. Integrated backstepping design of missile
　　　　guidance and control with robust disturbance observer: Proceedings of
　　　　SICE-ICASE International Joint Conference, October 18-21, 2006[C].
　　　　Busan, Korea: IEEE, 2007.

[27] FENG Y, YU X, MAN Z. Non-singular terminal sliding mode control of
　　　　rigid manipulators[J]. Automatica, 2002, 38: 2159-2167.

[28] YU S, Yu X, MAN Z H. Robust global terminal sliding mode control of
　　　　SISO nonlinear uncertain systems: Proceedings of the 39th IEEE Confer-
　　　　ence on Decision and Control, December 12-15, 2000[C]. Sydney,
　　　　NSW, Australia: IEEE, 2002.

第 5 章　三维空间影响角约束的制导与控制一体化设计

5.1　引　言

为了使导弹具有更好的杀伤效果,人们经常希望导弹能同时实现最小脱靶量和期望的影响角[1]。假设导弹和目标在同一平面内运动,文献[1]～[5]分别采用滑模控制、自适应控制、最优控制、主动扰动抑制控制和反演控制对导弹纵向线性化模型进行了带有终端影响角限制的制导与控制一体化设计。然而在实际中,拦截问题是三维空间问题,因为导弹与目标在三维空间中的相对运动动态是高度非线性的,导弹模型为六自由度非线性强耦合模型,所以三维空间中拦截问题处理起来比较复杂。据作者所知,很少有文章考虑三维空间拦截问题的制导与控制一体化设计。文献[6]将一个三维空间拦截问题分解成垂直和水平两个平面问题,在滚转、俯仰和偏航三通道可解耦的假设下,对每个平面单独设计。如果通道之间的耦合小,那么这种设计方法是可行的,但当攻角增大、耦合增大时,这种设计方法就有可能达不到期望的性能。文献[7]在大攻角、三通道强耦合的条件下,采用 H_∞ 鲁棒控制方法对三维空间拦截问题进行了制导与控制一体化设计,但没有考虑终端影响角的限制。文献[8]采用模型预测静态编程法设计了能实现三维空间拦截和终端影响角限制的制导律。基于自适应模型跟踪控制方法,文献[9]提出了三维变结构制导律来实现期望的影响角。文献[1]和[10]分别采用最优控制和滑模控制方法设计制导律来实现以期望的影响角拦截三维空间的目标。注意到这些文献只是设计了制导律,没有涉及控制器的设计。

本章,对带有终端影响角限制的三维空间拦截问题进行制导与控制一体化设计。考虑到系统动态中不可避免地存在不确定性,本章采用滑模控制方法对导弹六自由度非线性模型设计控制器,该控制器能使导弹以期望的影响角精确拦截到三维空间中的机动目标。

5.2　模型及问题描述

考虑地对空 STT 导弹拦截迎向目标,导弹与目标的相对运动示意图如图 5-1 所示。

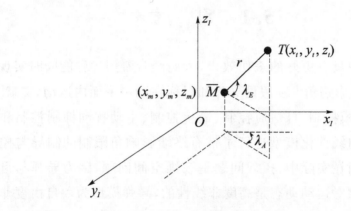

图 5-1　三维拦截示意图

图 5-1 中,$ox_Iy_Iz_I$ 是固定在地面的笛卡儿惯性坐标系;$\overline{M}$ 和 T 分别指导弹和目标;r 是目标与导弹之间的相对距离;λ_E 和 λ_A 分别是俯仰和偏航视线角;(x_m,y_m,z_m) 和 (x_t,y_t,z_t) 分别是导弹和目标在 $ox_Iy_Iz_I$ 坐标系下的坐标。导弹和目标的相对运动动态可由下面的等式表示

$$\begin{cases} r=\sqrt{(x_t-x_m)^2+(y_t-y_m)^2+(z_t-z_m)^2} \\[2mm] \lambda_A=\text{atan}\,\dfrac{y_t-y_m}{x_t-x_m} \\[4mm] \lambda_E=\text{atan}\,\dfrac{z_t-z_m}{\sqrt{(x_t-x_m)^2+(y_t-y_m)^2}} \end{cases}$$

这里考虑的是六自由度非线性导弹模型。导弹的气动力和气动力矩方程分别为[11]

$$\dot{\alpha}=Q-(P\cos\alpha+R\sin\alpha)\tan\beta+\frac{1}{mV_m\tan\beta}$$

$$\{-\sin\alpha(F_x+g_x)+\cos\alpha(F_z+g_z)\}$$

$$\dot{\beta} = P \sin \alpha - R \cos \alpha + \frac{1}{mV_m} \{ -\cos \alpha \sin \beta (F_x + g_x) +$$

$$\cos \beta (F_y + g_y) - \sin \alpha \sin \beta (F_z + g_z) \}$$

$$\dot{\phi} \approx P$$

和

$$\begin{cases} \dot{Q} = -\dfrac{I_{xx} - I_{zz}}{I_{yy}} PR + \dfrac{M}{I_{yy}} \\[2mm] \dot{R} = -\dfrac{I_{yy} - I_{xx}}{I_{zz}} PQ + \dfrac{N}{I_{zz}} \\[2mm] \dot{P} = -\dfrac{I_{zz} - I_{yy}}{I_{xx}} QR + \dfrac{L}{I_{xx}} \end{cases}$$

其中，$g_x = -mg \sin \theta$，$g_y = mg \cos \theta \sin \phi$ 和 $g_z = mg \cos \theta \cos \phi$；$g$ 为重力加速度；α,β,ϕ,θ 分别表示攻角、侧滑角、滚转角和俯仰角；Q,R,P 分别表示俯仰、偏航和滚转角速率；I_{xx},I_{yy},I_{zz} 为导弹的转动惯量；m 是导弹的质量；V_m 是导弹的速率；F_x,F_y,F_z 是气动力；M,N,L 是气动力矩，其表达式为

$$\begin{cases} F_x = k_F \rho V_m^2 c_x \\ F_y = k_F \rho V_m^2 c_y, \\ F_z = k_F \rho V_m^2 c_z \end{cases} \quad \begin{cases} M = k_M \rho V_m^2 c_m \\ N = k_M \rho V_m^2 c_n, \\ L = k_M \rho V_m^2 c_l \end{cases} \quad \begin{cases} c_x = c_{x_0} + K c_z^2 \\ c_y = c_{y_\beta} \beta \\ c_z = c_{z_\alpha} \alpha \end{cases}$$

$$\begin{cases} c_m = c_{m_0}(\alpha M_m) + c_{m_e} \delta_e + \Delta c_m \\ c_n = c_{n_\beta} \beta + c_{n_r} \delta_r + \Delta c_n \\ c_l = c_{l_\beta} \beta + c_{l_a} \delta_a \\ c_{m_0}(\alpha M_m) = c_{m_0^2} \alpha^2 + c_{m_0^1} \alpha(1 + M_m) + c_{m_0^0} \end{cases}$$

其中，k_F, k_M 为与导弹几何特性有关的常数；ρ 为大气密度。M_m 为马赫数；$c_{x_0}, c_{y_\beta}, c_{z_\alpha}, c_{m_e}, c_{n_\beta}, c_{n_r}, c_{l_\beta}, c_{l_a}, c_{m_0^2}, c_{m_0^1}, c_{m_0^0}, K$ 为气动系数；$\Delta c_m, \Delta c_n$ 为气动不确定性。

导弹动力学方程的四元数表示方法如下[12]：

$$\begin{bmatrix} \dot{q}_1 \\ \dot{q}_2 \\ \dot{q}_3 \\ \dot{q}_4 \end{bmatrix} = \frac{1}{2} \boldsymbol{T}_1 \begin{pmatrix} P \\ Q \\ R \end{pmatrix}, \quad \boldsymbol{T}_1 = \begin{bmatrix} -q_2 & -q_3 & -q_4 \\ q_1 & -q_4 & q_3 \\ q_4 & q_1 & -q_2 \\ -q_3 & q_2 & q_1 \end{bmatrix}$$

　　导弹在惯性坐标系下的速度分量与在机体坐标系下的速度分量之间的转换关系为[12]

$$\begin{bmatrix} \dot{x}_m \\ \dot{y}_m \\ \dot{z}_m \end{bmatrix} = \boldsymbol{T}_2 \begin{pmatrix} U \\ V \\ W \end{pmatrix}$$

其中，$\boldsymbol{T}_2 = \begin{bmatrix} q_1^2 + q_2^2 - q_3^2 - q_4^2 & 2(q_2 q_4 - q_1 q_3) & 2(q_2 q_3 + q_1 q_4) \\ 2(q_2 q_4 + q_1 q_3) & q_1^2 - q_2^2 - q_3^2 + q_4^2 & 2(q_3 q_4 - q_1 q_2) \\ 2(q_2 q_3 - q_1 q_4) & 2(q_1 q_2 + q_3 q_4) & q_1^2 - q_2^2 + q_3^2 - q_4^2 \end{bmatrix}$。

这里将机动的飞机作为拦截的目标，其质点模型为[13]

$$\begin{bmatrix} \dot{x}_t \\ \dot{y}_t \\ \dot{z}_t \\ \dot{V}_t \\ \dot{\chi}_t \\ \dot{\gamma}_t \end{bmatrix} = \begin{pmatrix} -V_t \sin \gamma_t \\ -V_t \cos \gamma_t \cos \chi_t \\ -V_t \cos \gamma_t \sin \chi_t \\ 0 \\ \dfrac{g_1}{V_t} \\ \dfrac{g_2}{V_t} \end{pmatrix}$$

其中，x_t，y_t 和 z_t 是目标在惯性坐标系下的位置；V_t 是目标的速度大小。γ_t 和 χ_t 分别是目标的航迹倾斜角和航向角；g_1 和 g_2 是目标在偏航和俯仰方向的机动[13]。

　　本章做如下假设：

　　假设 5 - 1：同文献[6]相似，假设 $|a_{tx}| \leqslant a_{tx}^{\max}$，$|a_{ty}| \leqslant a_{ty}^{\max}$，$|a_{tz}| \leqslant a_{tz}^{\max}$，其中 a_{ti}，$i = x, y, z$ 是目标加速度在惯性坐标系下的分量，$a_{ti}^{\max}$，$i = x, y, z$ 是已知正常数。

　　假设 5 - 2：同文献[14]～[16]相似，假设气动不确定项 Δc_i，$i = m, n$

是有界的,且界是已知的。

假设 5 - 3: m , I_{xx} , I_{yy} 和 I_{zz} 是常值。

假设 5 - 4: 导弹关于 x 轴和 z 轴对称,即 $I_{yy} = I_{zz}$, $I_{xy} = I_{yz} = I_{zx} = 0$。[16]

假设 5 - 5: 导弹的滚转通道稳定($P = 0$),滚转角 ϕ 保持常值[16][17]。

定义期望的偏航和俯仰方向的视线角分别为常值 λ_A^* 和 λ_E^*。因为当视线角速率 $\dot{\lambda}_A$ 和 $\dot{\lambda}_E$ 保持为零时,可能拦截到目标[10][18],所以设计目标可以概括为

$$\begin{cases} \lambda_E \to \lambda_E^* , \dot{\lambda}_E \to 0, \\ \lambda_A \to \lambda_A^* , \dot{\lambda}_A \to 0 \end{cases}$$

令 $e_E = \lambda_E - \lambda_E^*$, $e_A = \lambda_A - \lambda_A^*$ 则上述目标可写为

$$\begin{cases} e_E \to 0, \dot{e}_E \to 0, \\ e_A \to 0, \dot{e}_A \to 0 \end{cases} \tag{5-1}$$

在导弹拦截中, $\dot{e}_A = 0$ 和 $\dot{e}_E = 0$ 能保证精确拦截, $e_A = 0$ 和 $e_E = 0$ 代表实现了终端影响角。

5.3　制导与控制一体化设计

本节首先考虑滚转通道的设计,然后对俯仰和偏航通道进行制导与控制一体化设计。

5.3.1　滚转通道

滚转通道的设计目标是设计控制输入 δ_a ,以保持滚转通道的稳定。滚转通道动态为[11]

$$\begin{cases} \dot{\phi} \approx P \\ \dot{P} = -\dfrac{I_{zz} - I_{yy}}{I_{xx}} QR + \dfrac{L}{I_{xx}} \end{cases}$$

其中 , $L = k_M \rho V_m^2 c_l$, $c_l = c_{l_\beta} \beta + c_{l_a} \delta_r$。考虑到 $c_{l_a} \neq 0$,设计滚转通道控制输入为

$$\delta_a = \frac{I_{xx}}{k_{\mathrm{M}}\rho V_m^2 c_{l_a}}\left(-\frac{k_{\mathrm{M}}\rho V_m^2 c_{l_\beta}\beta}{I_{xx}} + \frac{I_{zz}-I_{yy}}{I_{xx}}QR - k_1 P - k_0 \phi + k_0 \phi_{ref}\right)$$

其中，$k_i(i=0,1)$ 和 ϕ_{ref} 是常值。滚转通道闭环系统为

$$\ddot{\phi} + k_1\dot{\phi} + k_0(\phi - \phi_{ref}) = 0$$

选取控制器增益 $k_i(i=0,1)$ 以保证滚转角保持在期望的位置 ϕ_{ref}，即 $P=0$ 和 $\phi = \phi_{ref}$。

5.3.2　俯仰偏航通道制导与控制一体化设计

控制目标即设计控制输入 δ_e 和 δ_r 以实现精确拦截和期望的影响角。考虑到导弹平移动态与旋转动态之间有时间分离，这里采用具有两环结构的部分制导与控制一体化设计方法。外环使用角速率指令 Q^* 和 R^* 作为虚拟控制输入。外环的目标是设计 Q^* 和 R^* 以实现目标(5-1)。内环的目标是设计 δ_e 和 δ_r 使得实际角速率 Q 和 R 在有限时间内分别跟踪上外环产生的角速率指令 Q^* 和 R^*。

1. 制导与控制一体化模型

外环一体化模型：构造线性滑模变量 $s_1 = \begin{bmatrix} s_E \\ s_A \end{bmatrix} = \begin{bmatrix} \dot{e}_E + k_E e_E \\ \dot{e}_A + k_A e_A \end{bmatrix}$，其中，$k_E, k_A$ 是待设计的正常数。对 s_1 求一阶导数可得外环一体化模型为

$$\dot{s}_1 = A_1 + B_1\begin{pmatrix} Q^* \\ R^* \end{pmatrix} + C_1\begin{pmatrix} a_{tx} \\ a_{ty} \\ a_{tz} \end{pmatrix} \tag{5-2}$$

其中，

$$A_1 = \begin{pmatrix} f_1 + k_E\dot{\lambda}_E \\ f_2 + k_A\dot{\lambda}_A \end{pmatrix} + \begin{pmatrix} -g_1 \\ -g_2 \end{pmatrix} T_2 \begin{bmatrix} \dot{U} \\ \dot{V} \\ \dot{W} \end{bmatrix}, \quad B_1 = \begin{pmatrix} -g_1 \\ -g_2 \end{pmatrix}\begin{pmatrix} T_{12} & T_{13} \\ T_{22} & T_{23} \\ T_{32} & T_{33} \end{pmatrix}, \quad C_1 = \begin{pmatrix} g_1 \\ g_2 \end{pmatrix}。$$

其中，

$$T_{12} = -2(q_1 q_3 + q_2 q_4)U + (q_2^2 + q_3^2 - q_1^2 - q_4^2)V + 2(q_1 q_2 - q_3 q_4)W$$

$$T_{13} = 2(q_2 q_3 - q_1 q_4)U + 2(q_1 q_2 + q_3 q_4)V + (q_1^2 + q_3^2 - q_2^2 - q_4^2)W$$

$$T_{22} = (q_1^2 + q_2^2 - q_3^2 - q_4^2)U + 2(q_2q_4 - q_1q_3)V + 2(q_1q_4 + q_2q_3)W$$

$$T_{23} = 0, \quad T_{32} = 0$$

$$T_{33} = (q_3^2 + q_4^2 - q_1^2 - q_2^2)U + 2(q_1q_3 - q_2q_4)V - 2(q_2q_3 + q_1q_4)W = -T_{22}$$

$$\boldsymbol{g}_1 = \left[-\frac{\sin \lambda_E \cos \lambda_A}{r} \quad -\frac{\sin \lambda_E \sin \lambda_A}{r} \quad \frac{\cos \lambda_E}{r} \right],$$

$$\boldsymbol{g}_2 = \left[-\frac{\sin \lambda_A}{r \cos \lambda_E} \quad \frac{\cos \lambda_A}{r \cos \lambda_E} \quad 0 \right],$$

$$f_1 = -\frac{2\dot{r}}{r}\dot{\lambda}_E - \dot{\lambda}_A^2 \sin \lambda_E \cos \lambda_E, \quad f_2 = 2\dot{\lambda}_A\dot{\lambda}_E \tan \lambda_E - 2\frac{\dot{r}}{r}\dot{\lambda}_A,$$

其中,

$$\dot{r} = (\dot{x}_t - \dot{x}_m)\cos \lambda_E \cos \lambda_A + (\dot{y}_t - \dot{y}_m)\cos \lambda_E \sin \lambda_A + (\dot{z}_t - \dot{z}_m)\sin \lambda_E,$$

$$\dot{\lambda}_A = \frac{(\dot{y}_t - \dot{y}_m)\cos \lambda_A - (\dot{x}_t - \dot{x}_m)\sin \lambda_A}{r \cos \lambda_E},$$

$$\dot{\lambda}_E = \frac{(\dot{z}_t - \dot{z}_m)\cos \lambda_E - (\dot{y}_t - \dot{y}_m)\sin \lambda_E \sin \lambda_A - (\dot{x}_t - \dot{x}_m)\sin \lambda_E \cos \lambda_A}{r}。$$

内环一体化模型:令角速率跟踪误差 $e_Q = Q - Q^*$,$e_R = R - R^*$,构造

线性滑模变量 $\boldsymbol{s}_2 = \begin{bmatrix} s_Q \\ s_R \end{bmatrix} = \begin{bmatrix} e_Q + k_Q \int e_Q \\ e_R + k_R \int e_R \end{bmatrix}$,其中,$k_Q$ 和 k_R 是待设计的正常

数。对滑模变量 $\boldsymbol{s}_2$ 求一阶导数,可得内环一体化模型为

$$\dot{\boldsymbol{s}}_2 = \boldsymbol{A}_2 + \boldsymbol{B}_2\boldsymbol{u} + C_2\boldsymbol{\Delta} \quad\quad\quad (5-3)$$

其中,

$$\boldsymbol{A}_2 = \begin{bmatrix} \dfrac{k_M\rho V_m^2}{I_{yy}}c_{m0} + k_Q e_Q - \dot{Q}^* \\[3mm] \dfrac{k_M\rho V_m^2}{I_{zz}}c_{n_\beta}\beta + k_R e_R - \dot{R}^* \end{bmatrix}, \quad \boldsymbol{B}_2 = \begin{bmatrix} \dfrac{k_M\rho V_m^2}{I_{yy}}c_{me} & 0 \\[3mm] 0 & \dfrac{k_M\rho V_m^2}{I_{zz}}c_{nr} \end{bmatrix}$$

$$\boldsymbol{\Delta} = \begin{bmatrix} \Delta_Q \\ \Delta_R \end{bmatrix} = \begin{bmatrix} \dfrac{\Delta c_m}{I_{yy}} \\ \dfrac{\Delta c_n}{I_{zz}} \end{bmatrix}, \quad \boldsymbol{u} = \begin{bmatrix} \delta_e \\ \delta_r \end{bmatrix}, \quad C_2 = k_M \rho V_m^2 \text{。}$$

2. 多输入多输出滑模控制器

假设滑模变量 $s \in \boldsymbol{R}^n$ 具有如下动态

$$\dot{\boldsymbol{s}} = \boldsymbol{F}(\boldsymbol{x},t) + \boldsymbol{H}(\boldsymbol{x},t)\boldsymbol{u} + \boldsymbol{G}(\boldsymbol{x},t)\boldsymbol{\Delta}(t)$$

其中，$\boldsymbol{u} \in \boldsymbol{R}^n$ 是控制输入，$\boldsymbol{\Delta}(t) = [\Delta_1, \Delta_2, \cdots, \Delta_m]^T \in \boldsymbol{R}^m$ 是有界的扰动向量，满足 $|\Delta_j| \leqslant \Delta_j^{\max}$，$j = 1, \cdots, m$，且 $\Delta_j^{\max}$ 是已知的，$\boldsymbol{F}(\boldsymbol{x},t) \in \boldsymbol{R}^{n \times 1}$，$\boldsymbol{H}(\boldsymbol{x},t) \in \boldsymbol{R}^{n \times n}$ 和 $\boldsymbol{G}(\boldsymbol{x},t) \in \boldsymbol{R}^{n \times m}$ 为状态向量 $\boldsymbol{x}$ 和时间 t 的已知函数矩阵，且假设 $\boldsymbol{H}(\boldsymbol{x},t)$ 是非奇异的。

设计如下控制器

$$\boldsymbol{u} = \boldsymbol{H}^{-1}(\boldsymbol{x},t) \left[-\boldsymbol{F}(\boldsymbol{x},t) - k \begin{bmatrix} |s_1|^\rho \mathrm{sgn}(s_1) \\ \vdots \\ |s_i|^\rho \mathrm{sgn}(s_i) \\ \vdots \\ |s_n|^\rho \mathrm{sgn}(s_n) \end{bmatrix} - \sum_{j=1}^m \begin{bmatrix} |G_{1j}| \mathrm{sgn}(s_1) \\ \vdots \\ |G_{ij}| \mathrm{sgn}(s_i) \\ \vdots \\ |G_{nj}| \mathrm{sgn}(s_n) \end{bmatrix} \sigma_j \hat{\Delta}_j^{\max} \right]$$

$$(5-4)$$

$$\dot{\hat{\Delta}}_j^{\max} = \gamma_j \left(\sum_{i=1}^n |G_{ij}| |s_i| \right), \quad \hat{\Delta}_j^{\max}(0) > 0, \quad j = 1, \cdots, m$$

其中，$\mathrm{sgn}(s_i)$ 指 s_i 的符号函数；$k > 0, 0 < \rho < 1, \gamma_j > 0$ 且 $\sigma_j > 0 (j = 1, \cdots, m)$ 是待设计的常数；$G_{ij}, i = 1, \cdots, n, j = 1, \cdots, m$ 是矩阵 $\boldsymbol{G}(\boldsymbol{x},t)$ 第 i 行第 j 列的元素。有下面的结果。

定理 5-1： 提出的自适应滑模控制器 (5-4) 能使滑模变量 s 在有限时间收敛到零。

证明 5-1： 证明定理 5-1。

考虑李雅普诺夫函数 $V = \dfrac{1}{2} \boldsymbol{s}^T \boldsymbol{s}$，求一阶导数并代入控制器 (5-4) 有

$$\dot{V} = \boldsymbol{s}^T \dot{\boldsymbol{s}} = \boldsymbol{s}^T \boldsymbol{F}(\boldsymbol{x},t) + \boldsymbol{s}^T \boldsymbol{H}(\boldsymbol{x},t)\boldsymbol{u} + \boldsymbol{s}^T \boldsymbol{G}(\boldsymbol{x},t)\boldsymbol{\Delta}(t) =$$

$$\boldsymbol{s}^{\mathrm{T}}\boldsymbol{F}(\boldsymbol{x},t)+\boldsymbol{s}^{\mathrm{T}}\left[-\boldsymbol{F}(\boldsymbol{x},t)-k\begin{bmatrix}|s_1|^\rho\mathrm{sgn}(s_1)\\\vdots\\|s_i|^\rho\mathrm{sgn}(s_i)\\\vdots\\|s_n|^\rho\mathrm{sgn}(s_n)\end{bmatrix}-\sum_{j=1}^{m}\begin{bmatrix}|G_{1j}|\mathrm{sgn}(s_1)\\\vdots\\|G_{ij}|\mathrm{sgn}(s_i)\\\vdots\\|G_{nj}|\mathrm{sgn}(s_n)\end{bmatrix}\sigma_j\hat{\Delta}_j^{\max}\right]+$$

$$\boldsymbol{s}^{\mathrm{T}}\boldsymbol{G}(\boldsymbol{x},t)\boldsymbol{\Delta}(t)=$$

$$-k\sum_{i=1}^{n}|s_i|^{\rho+1}-\sum_{j=1}^{m}\Big(\sum_{i=1}^{n}|G_{ij}||s_i|\Big)\sigma_j\hat{\Delta}_j^{\max}+\sum_{j=1}^{m}\Big(\sum_{i=1}^{n}G_{ij}s_i\Big)\Delta_j=$$

$$-k\sum_{i=1}^{n}|s_i|^{\rho+1}+\sum_{j=1}^{m}\sum_{i=1}^{n}|G_{ij}||s_i|(\Delta_j^{\max}-\sigma_j\hat{\Delta}_j^{\max})$$

由 $\hat{\Delta}_j^{\max}(0)>0$ 且 $\dot{\hat{\Delta}}_j^{\max}=\gamma_j\Big(\sum_{i=1}^{n}|G_{ij}||s_i|\Big)\geqslant0$ 可得 $\hat{\Delta}_j^{\max}(t)\geqslant\hat{\Delta}_j^{\max}(0)>0$。因此 $\Delta_j^{\max}-\sigma_j\hat{\Delta}_j^{\max}(t)\leqslant\Delta_j^{\max}-\sigma_j\hat{\Delta}_j^{\max}(0)$。因为 $\Delta_j^{\max}$ 已知，选取 σ_j 和 $\hat{\Delta}_j^{\max}(0)$ 满足 $\sigma_j\hat{\Delta}_j^{\max}(0)\geqslant\Delta_j^{\max}$，则 $\Delta_j^{\max}-\sigma_j\hat{\Delta}_j^{\max}(t)\leqslant0$ 成立，$\dot{V}$ 进一步满足不等式 $\dot{V}\leqslant-k\sum_{i=1}^{n}|s_i|^{\rho+1}$。

根据第 1 章的引理 1-2 有 $(|s_1|^{\rho+1}+\cdots+|s_n|^{\rho+1})^2\geqslant(|s_1|^2+\cdots+|s_n|^2)^{\rho+1}$ 成立，即 $\sum_{i=1}^{n}|s_i|^{\rho+1}\geqslant(|s_1|^2+\cdots+|s_n|^2)^{\frac{\rho+1}{2}}=(2V)^{\frac{\rho+1}{2}}$，因此 $\dot{V}\leqslant-k2^{\frac{\rho+1}{2}}V^{\frac{\rho+1}{2}}$。

由第 1 章的引理 1-1 知，滑模向量在有限时间 t_s 收敛到零向量，其中 $t_s=\dfrac{V(0)^{\frac{1-\rho}{2}}}{k(1-\rho)2^{\frac{\rho-1}{2}}}$。

注释 5-1： 注意到所提出的控制器(5-4)由于使用了不连续的符号函数，因此也是不连续的，这将导致控制输入产生较大的震颤。为了减小震颤，同文献[19]～[23]相似，这里也采用边界层函数 $\mathrm{sat}_\varepsilon(s)$ 来替代符号函数

$$\mathrm{sat}_\varepsilon(s)=\begin{cases}1,s>\varepsilon\\s/\varepsilon,|s|\leqslant\varepsilon\\-1,s<-\varepsilon\end{cases}$$

其中，ε 是小的正常数[24]，但是此时的控制器只能保证滑模变量在有限时间内收敛到边界层 $|s|\leqslant\varepsilon$ 内。

3. 制导与控制一体化设计

将定理 5-1 分别应用到内外环一体化模型(5-2)和(5-3)中,可得外环角速率指令为

$$
\begin{bmatrix} Q^* \\ R^* \end{bmatrix} = \boldsymbol{B}_1^{-1} \left[-\boldsymbol{A}_1 - K_1 \begin{bmatrix} |s_E|^{\rho_1} \mathrm{sgn}(s_E) \\ |s_A|^{\rho_1} \mathrm{sgn}(s_A) \end{bmatrix} - \begin{bmatrix} |C_1(11)| \mathrm{sgn}(s_E) \\ |C_1(21)| \mathrm{sgn}(s_A) \end{bmatrix} \sigma_x \hat{a}_{tx}^{\max} \right. \\
\left. - \begin{bmatrix} |C_1(12)| \mathrm{sgn}(s_E) \\ |C_1(22)| \mathrm{sgn}(s_A) \end{bmatrix} \sigma_y \hat{a}_{ty}^{\max} - \begin{bmatrix} |C_1(13)| \mathrm{sgn}(s_E) \\ |C_1(23)| \mathrm{sgn}(s_A) \end{bmatrix} \sigma_z \hat{a}_{tz}^{\max} \right]
$$

$$
\dot{\hat{a}}_{tx}^{\max} = \gamma_x (|C_1(11)| |s_E| + |C_1(21)| |s_A|), \quad \hat{a}_{tx}^{\max}(0) > 0
$$

$$
\dot{\hat{a}}_{ty}^{\max} = \gamma_y (|C_1(12)| |s_E| + |C_1(22)| |s_A|), \quad \hat{a}_{ty}^{\max}(0) > 0
$$

$$
\dot{\hat{a}}_{tz}^{\max} = \gamma_z (|C_1(13)| |s_E| + |C_1(23)| |s_A|), \quad \hat{a}_{tz}^{\max}(0) > 0
$$

其中,$C_1(ij), i=1,2, j=1,2,3$ 是矩阵 $\boldsymbol{C}_1$ 第 i 行第 j 列元素。设计参数的选取应满足 $K_1 > 0; 0 < \rho_1 < 1; \gamma_i > 0, \sigma_i > 0, \sigma_i \hat{a}_{ti}^{\max}(0) \geqslant a_{ti}^{\max}, i=x,y,z$。

内环舵面偏转指令为

$$
\begin{pmatrix} \delta_e \\ \delta_r \end{pmatrix} = \boldsymbol{B}_2^{-1} \left(-\boldsymbol{A}_2 - C_2 \begin{bmatrix} \hat{\Delta}_Q^{\max} \sigma_Q \mathrm{sgn}(s_Q) \\ \hat{\Delta}_R^{\max} \sigma_R \mathrm{sgn}(s_R) \end{bmatrix} - K_2 \begin{bmatrix} |s_Q|^{\rho_2} \mathrm{sgn}(s_Q) \\ |s_R|^{\rho_2} \mathrm{sgn}(s_R) \end{bmatrix} \right)
$$

$$
\dot{\hat{\Delta}}_Q^{\max} = \gamma_Q |s_Q| |k_M \rho V_m^2|, \quad \hat{\Delta}_Q^{\max}(0) > 0
$$

$$
\dot{\hat{\Delta}}_R^{\max} = \gamma_R |s_R| |k_M \rho V_m^2|, \quad \hat{\Delta}_R^{\max}(0) > 0
$$

其中,$K_2 > 0; 0 < \rho_2 < 1; \gamma_j > 0, \sigma_j > 0, \sigma_j \hat{\Delta}_j^{\max}(0) \geqslant \Delta_j^{\max}, j=Q,R$。

5.4　仿　真

在这一节,主要考虑了地对空 STT 导弹拦截机动目标的最后阶段。首先,列出仿真参数和初始条件;然后,验证提出的控制器的有效性;进一步,将提出的部分制导与控制一体化设计与制导与控制一体化设计和传统的设计作对比;最后,进行蒙特卡洛仿真研究来测试提出方法的鲁棒性。

5.4.1　仿真参数

1. 目标参数

初始速度大小和方向: $V_t = 600 \text{ m/s}, \chi_t(0) = 57.3°, \gamma_t(0) = 57.3°$,

初始位置: $x_t(0) = 2\ 000 \text{ m}, y_t(0) = 2\ 000 \text{ m}, z_t(0) = 3\ 000 \text{ m}$。

2. 拦截器参数

初始滚转角: $\phi = \phi_{ref} = 0°$;

初始速度: $U(0) = 400 \text{ m/s}, V(0) = 500 \text{ m/s}, W(0) = 600 \text{ m/s}$;

质量: $m = 144 \text{ kg}$;

转动惯量: $I_{xx} = 1.615\ 1 \text{ kg} \cdot \text{m}^2, I_{yy} = I_{zz} = 136.264\ 8 \text{ kg} \cdot \text{m}^2$;

几何常数: $k_F = 0.014\ 3 \text{ m}^2, k_M = 0.002\ 7 \text{ m}^3$;

大气密度: $\rho = 0.264\ 1 \text{ kg/m}^3$;

重力加速度: $g = 9.81 \text{ m/s}^2$;

舵面偏转限制: $|\delta_e| \leqslant 30°, |\delta_r| \leqslant 30°$;

舵面偏转速率限制: $|\dot{\delta}_e| \leqslant 100\ (°)/\text{s}, |\dot{\delta}_r| \leqslant 100(°)/\text{s}$;

初始位置: $x_m(0) = y_m(0) = z_m(0) = 0 \text{ m}$;

气动不确定性: $\Delta c_m(t) = \Delta c_n(t) = 0.05\sin\left(\dfrac{\pi}{4}t\right)$。

气动导数的标称值如表 5 - 1 所列。

表 5 - 1　气动导数的标称值

气动导数	标称值	气动导数	标称值
c_{x0}	0.003 772	$c_{n\beta}$	0.08
K	1.676 3	$c_{l\beta}$	0.116
$c_{z\alpha}$	0.620 3	c_{me}	0.675
$c_{y\beta}$	-0.21	$c_{m_0^2}$	-0.035
c_{nr}	-0.584	$c_{m_0^1}$	0.036 617
$c_{l\alpha}$	-0.127	$c_{m_0^0}$	$5.326\ 1 \times 10^{-6}$

5.4.2　有效性验证

假设目标做正弦机动,即 $g_1=g_2=55\sin 3t$ m/s^2。考虑如下两种情况的期望视线角。

情况 1:$\lambda_A^*=30°,\lambda_E^*=30°$;

情况 2:$\lambda_A^*=20°,\lambda_E^*=40°$。

仿真参数选为 $\sigma_x=40,\sigma_y=80,\sigma_z=40,\sigma_Q=0.01,\sigma_R=0.01,\hat{a}_{tx}^{max}(0)=$ $\hat{a}_{ty}^{max}(0)=\hat{a}_{tz}^{max}(0)=100$ m/s^2,$\hat{\Delta}_Q^{max}(0)=\hat{\Delta}_R^{max}(0)=100,K_1=K_2=1,\rho_1=$ $\rho_2=3/5,\epsilon=0.1,k_A=k_E=100,k_Q=10,k_R=40$。情况 1 和情况 2 的仿真曲线分别见图 5-2,图 5-3 和图 5-4,图 5-5。$r(t_f),\lambda_A(t_f)$ 和 $\lambda_E(t_f)$ 分别为在拦截时刻导弹目标的相对距离、偏航方向的视线角和俯仰方向的视线角。情况 1,2 下的 $r(t_f),\lambda_A(t_f)$ 和 $\lambda_E(t_f)$ 见表 5-2。

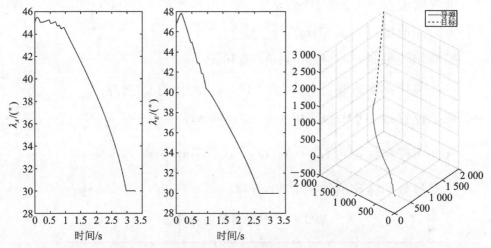

图 5-2　情况 1 的仿真曲线图:偏航视线角 λ_A,俯仰视线角 λ_E,
导弹和目标的运动轨迹

表 5-2　情况 1 和情况 2 的末端值

情　况	末端值		
	$r(t_f)$/m	$\lambda_A(t_f)$/(°)	$\lambda_E(t_f)$/(°)
情况 1	0.768 3	29.97	29.9
情况 2	0.621 7	20.05	40.02

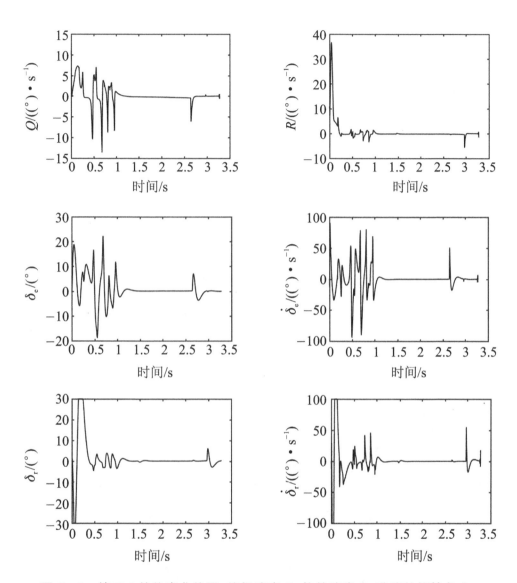

图 5-3　情况 1 的仿真曲线图：俯仰速率 Q，偏航速率 R，升降舵偏转角 δ_e，

升降舵偏转速率 $\dot{\delta}_e$，方向舵偏转角 δ_r，方向舵偏转速率 $\dot{\delta}_r$

　　由两种情况下的仿真曲线图可以看出，提出的部分制导与控制一体化
设计能实现精确拦截和期望的影响角。

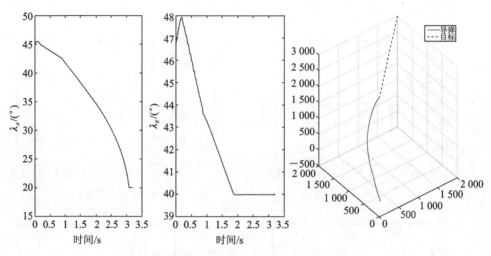

图 5 - 4　情况 2 的仿真曲线图:偏航视线角 λ_A ,

俯仰视线角 λ_E ,导弹和目标的运动轨迹

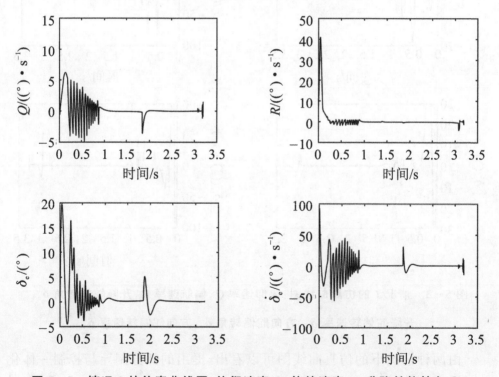

图 5 - 5　情况 2 的仿真曲线图:俯仰速率 Q ,偏航速率 R ,升降舵偏转角 δ_e ,

升降舵偏转速率 $\dot{\delta}_e$,方向舵偏转角 δ_r ,方向舵偏转速率 $\dot{\delta}_r$

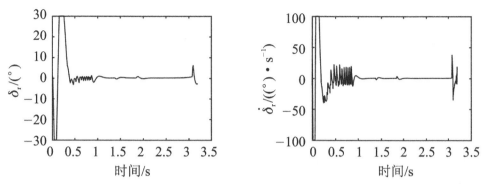

图 5-5 情况 2 的仿真曲线图：俯仰速率 Q，偏航速率 R，升降舵偏转角 δ_e，

升降舵偏转速率 $\dot{\delta}_e$，方向舵偏转角 δ_r，方向舵偏转速率 $\dot{\delta}_r$（续）

5.4.3 拦截性能比较

本小节将提出的部分一体化设计（两环结构）与传统设计（三环结构）和一体化设计（一环结构）作性能比较。

传统设计主要包括三个环：最外环产生加速度指令，中间环将这些加速度指令转化为等价的体旋转速率指令，最内环跟踪这些体旋转速率指令。一体化设计将传统设计中的三环集合成一个环，直接产生舵面偏转指令。本章采用的部分一体化设计基于导弹快慢动态之间的时间分离属性将传统设计中的三环集合成两个环：外环直接产生体旋转速率指令，内环产生舵面偏转指令来跟踪外环指令。

在比较研究中，期望的终端影响角令为 $\lambda_A^* = 30°$，$\lambda_E^* = 30°$，考虑下面两种情况的目标机动

情况 i：正弦机动目标即 $g_1 = g_2 = 55\sin 3t$ m/s^2；

情况 ii：方波机动目标即 g_1 和 g_2 是幅值为 55 m/s^2，周期为 1 s，相位延迟为 0.1 s 的方波。

采用部分一体化方法得到的仿真曲线见图 5-2、图 5-3 和图 5-10、图 5-11，分别对应情况 i 和情况 ii；采用传统方法得到的仿真曲线见图 5-6，图 5-7 和图 5-12，图 5-13，分别对应情况 i 和情况 ii。采用一体化方法得到的仿真曲线见图 5-8，图 5-9 和图 5-14，图 5-15，分别对应情况 i 和情况 ii。三种设计方法得到的末端值包括 $r(t_f)$，$\lambda_A(t_f)$ 和 $\lambda_E(t_f)$ 分别见表 5-3，表 5-4 和表 5-5。

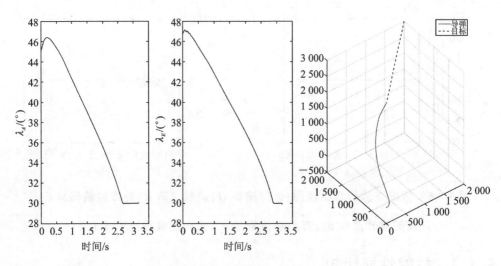

图 5 - 6　针对情况 i 的传统设计的仿真曲线图:偏航视线角 λ_A,

俯仰视线角 λ_E,导弹和目标的运动轨迹

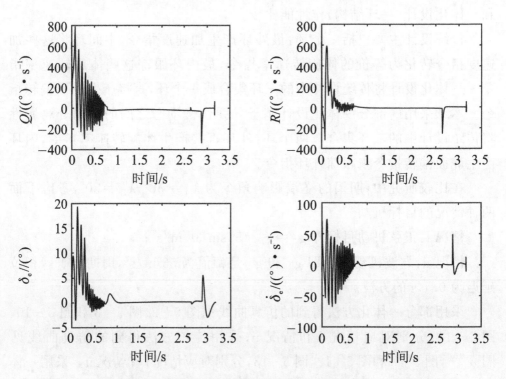

图 5 - 7　针对情况 i 的传统设计的仿真曲线图:俯仰速率 Q,偏航速率 R,

升降舵偏转角 δ_e,升降舵偏转速率 $\dot{\delta}_e$,方向舵偏转角 δ_r,方向舵偏转速率 $\dot{\delta}_r$

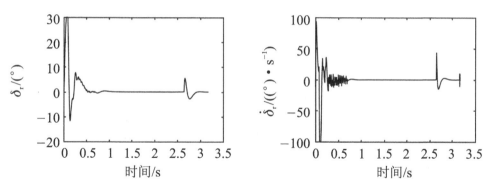

图 5-7　针对情况 i 的传统设计的仿真曲线图:俯仰速率 Q,偏航速率 R,

升降舵偏转角 δ_e,升降舵偏转速率 $\dot{\delta}_e$,方向舵偏转角 δ_r,方向舵偏转速率 $\dot{\delta}_r$(续)

表 5-3　部分一体化设计方法对应的末端值

情　　况	末端值		
	$r(t_f)/\text{m}$	$\lambda_A(t_f)/(°)$	$\lambda_E(t_f)/(°)$
情况 i	0.768 3	29.97	29.9
情况 ii	0.940 3	30.05	30.05

表 5-4　传统设计方法对应的末端值

情　　况	末端值		
	$r(t_f)/\text{m}$	$\lambda_A(t_f)/(°)$	$\lambda_E(t_f)/(°)$
情况 i	0.378 8	30.08	29.85
情况 ii	0.252 8	30.09	29.57

表 5-5　一体化设计方法对应的末端值

情　　况	末端值		
	$r(t_f)/\text{m}$	$\lambda_A(t_f)/(°)$	$\lambda_E(t_f)/(°)$
情况 i	0.367 6	29.87	29.94
情况 ii	0.746 6	29.8	29.79

　　由仿真图和末端值可以看出,三种设计方法都能实现带有影响角限制的拦截,但是采用传统方法得到的俯仰和偏航速率曲线出现较大的超调,采用一体化设计方法得到的终端影响角出现了较大的稳态误差。

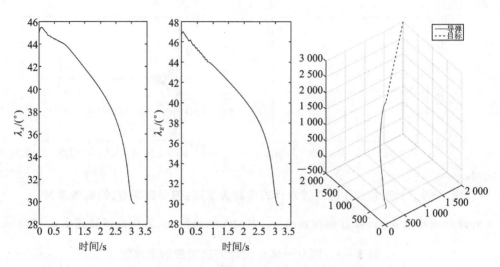

图 5 - 8　针对情况 i 的一体化设计的仿真曲线图:偏航视线角 λ_A,
俯仰视线角 λ_E,导弹和目标的运动轨迹

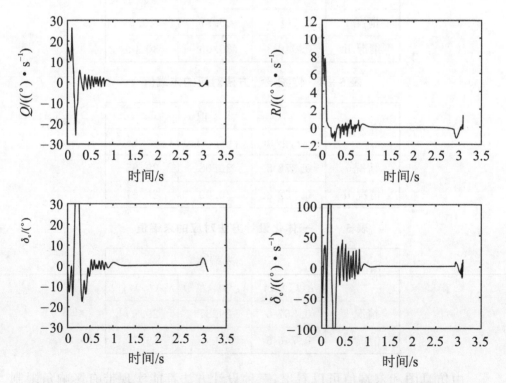

图 5 - 9　针对情况 i 的一体化设计的仿真曲线图:俯仰速率 Q,偏航速率 R,
升降舵偏转角 δ_e,升降舵偏转速率 $\dot{\delta}_e$,方向舵偏转角 δ_r,方向舵偏转速率 $\dot{\delta}_r$

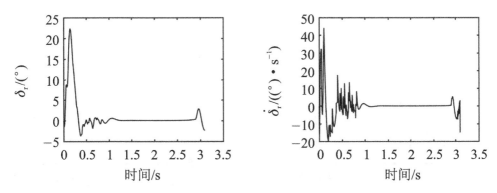

图 5-9　针对情况 i 的一体化设计的仿真曲线图：俯仰速率 Q，偏航速率 R，
升降舵偏转角 δ_e，升降舵偏转速率 $\dot{\delta}_e$，方向舵偏转角 δ_r，方向舵偏转速率 $\dot{\delta}_r$（续）

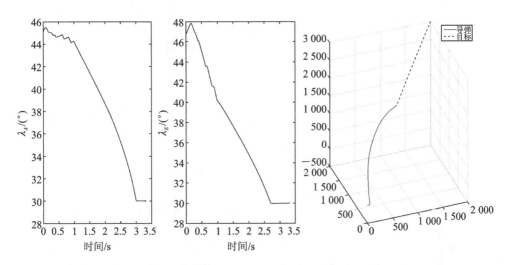

图 5-10　针对情况 ii 的部分一体化设计的仿真曲线图：偏航视线角 λ_A，
俯仰视线角 λ_E，导弹和目标的运动轨迹

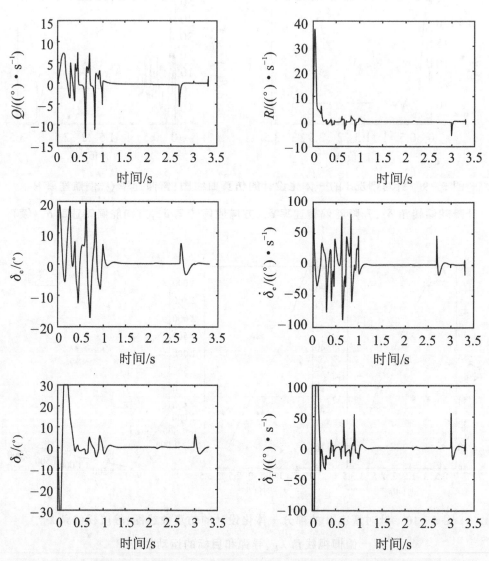

图 5 - 11　针对情况 ii 的部分一体化设计的仿真曲线图:俯仰速率俯仰速率 Q,

偏航速率 R,升降舵偏转角 δ_e,升降舵偏转速率 $\dot{\delta}_e$,

方向舵偏转角 δ_r,方向舵偏转速率 $\dot{\delta}_r$

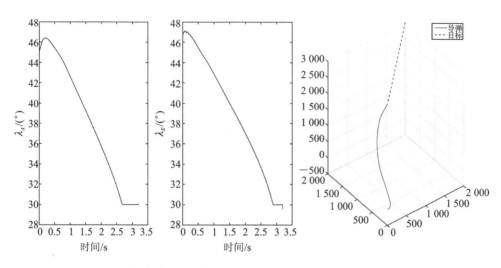

图 5 - 12　针对情况 ii 的传统设计的仿真曲线图:偏航视线角 λ_A,

俯仰视线角 λ_E,导弹和目标的运动轨迹

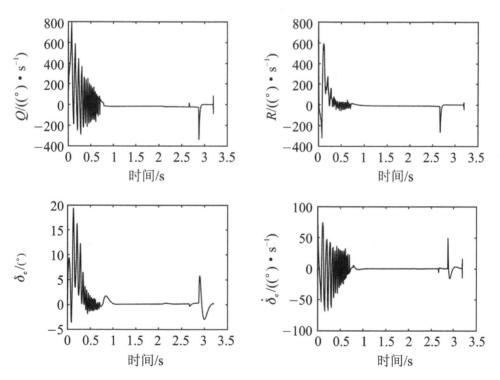

图 5 - 13　针对情况 ii 的传统设计的仿真曲线图:俯仰速率 Q,偏航速率 R,

升降舵偏转角 δ_e,升降舵偏转速率 $\dot{\delta}_e$,方向舵偏转角 δ_r,方向舵偏转速率 $\dot{\delta}_r$

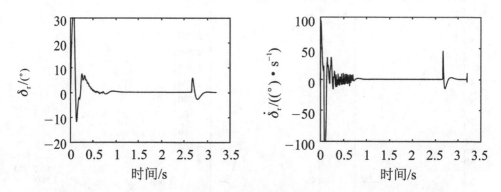

**图 5 - 13　针对情况 ii 的传统设计的仿真曲线图:俯仰速率 Q ,偏航速率 R ,
升降舵偏转角 δ_e ,升降舵偏转速率 $\dot{\delta}_e$,方向舵偏转角 δ_r ,方向舵偏转速率 $\dot{\delta}_r$ (续)**

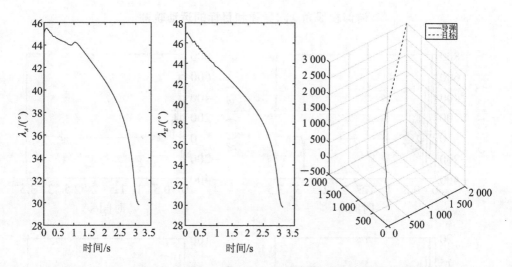

**图 5 - 14　针对情况 ii 的一体化设计的仿真曲线图:偏航视线角 λ_A ,
俯仰视线角 λ_E ,导弹和目标的运动轨迹**

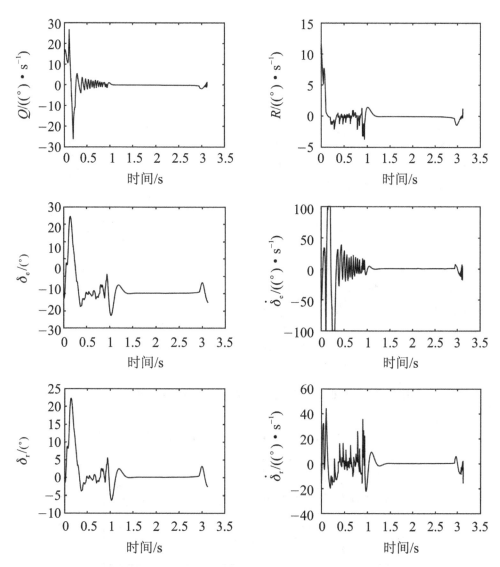

图 5 - 15   针对情况 ii 的一体化设计的仿真曲线图:俯仰速率 Q ,偏航速率 R ,
升降舵偏转角 δ_e ,升降舵偏转速率 $\dot{\delta}_e$,方向舵偏转角 δ_r ,方向舵偏转速率 $\dot{\delta}_r$

5.4.4   蒙特卡洛仿真

前面的仿真研究采用的气动导数都采用表 5 - 1 所列的标称值。为了说明所提出的方法对气动不确定性具有较好的鲁棒性,进行了包含 100 次仿真的蒙特卡洛研究。随机变量选为表 5 - 1 所列的气动导数,且偏离标称值±20%。期望的终端影响角选为 $\lambda_A^* = 30°$ 和 $\lambda_E^* = 30°$。假设目标做正弦机动，即 $g_1 = g_2 = 55\sin 3t$ m/s^2。100 次仿真得到的 $r(t_f)$，$\lambda_A(t_f)$ 和 $\lambda_E(t_f)$ 见图 5-16。$r(t_f)$，$\lambda_A(t_f)$ 和 $\lambda_E(t_f)$ 的平均值和标准差见表 5-6。

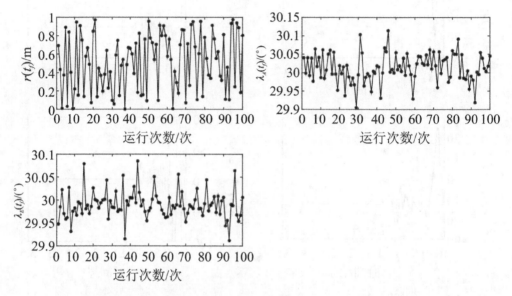

图 5-16　100 次仿真的末端值 $r(t_f)$，$\lambda_A(t_f)$ 和 $\lambda_E(t_f)$

表 5-6　$r(t_f)$，$\lambda_A(t_f)$ 和 $\lambda_E(t_f)$ 的平均值和标准方差

平均值/标准方差	末端值		
	$r(t_f)$/m	$\lambda_A(t_f)$/(°)	$\lambda_E(t_f)$/(°)
平均值	0.514 1	30.012 7	29.990 3
标准方差	0.304 6	0.038 6	0.029 9

由图 5-16 可以看出，100 次仿真得到的 $r(t_f)$ 都位于 [0 m,1 m]，$\lambda_A(t_f)$ 都位于 [29.9°,30.15°]，$\lambda_A(t_f)$ 都位于 [29.9°,30.1°]。这表明所提出的部分一体化设计对气动不确定性具有很好的鲁棒性。

5.5　本章小结

本章对三维空间的拦截问题进行了制导与控制一体化设计，采用的模型为导弹六自由度非线性模型和三维非线性相对运动动态。为了避免较高的相对阶,本章采用具有两环结构的部分制导与控制一体化设计方法,利用滑模控制方法设计了三通道控制制导律,能实现精确拦截同时实现末端影响角限制。最后利用仿真验证了提出的方法的有效性。

参考文献

[1] OZA H, PADHI R. A nonlinear suboptimal guidance law with 3D impact angle constraints for ground targets: Proceedings of AIAA Guidance Navigation and Control Conference, August 2-5, 2010[C]. Toronto, Ontario Canada: AIAA, 2012.

[2] GUO J, ZHOU J. Integrated guidance and control of homing missile with impact angular constraint: Proceedings of International Conference on Measuring Technology and Mechatronics Automation, March 13-14, 2010 [C]. Changsha: IEEE, 2010.

[3] YUN J, RYOO C K. Integrated guidance and control law with impact angle constraint: Proceedings of the 11th International Conference on Control, Automation and Systems, October 26-29, 2011[C]. Gyeonggi-do, Korea (South): IEEE, 2011.

[4] ZHAO C, HUANG Y. ADRC based integrated guidance and control scheme for the interception of maneuvering targets with desired LOS angle: Proceedings of Chinese Control Conference, July 29-31, 2010[C]. Beijing: IEEE, 2010.

[5] SHIN H S, HWANG T W, TSOURDOS A, WHITE B A, TAHK M J. Integrated intercept missile guidance and control with terminal angle constraint: Proceedings of the 26th International Congress of the Aeronautical Sciences, September 8, 2008[C]. Anchorage, Alaska USA: IEEE, 2008.

[6] HARL N, BALAKRISHNAN S N, PHILLIPS C. Sliding mode integrated missile guidance and control: Proceedings of AIAA Guidance, Navigation, and Control Conference, August 2-5, 2010[C]. Toronto, Ontario, Canada: AIAA, 2012.

[7] KANG S, KIM H J, LEE J I, JUN B E, TAHK M J. Roll-pitch-yaw in-

tegrated robust autopilot design for a high angle of attack missile[J]. Journal of Guidance, Control and Dynamics, 2009, 32(5): 1622-1628.

[8] OZA H B, PADHI R. Impact-angle-constrained suboptimal model predictive static programming guidance of air-to-ground missiles[J]. Journal of Guidance, Control, and Dynamics, 2012, 35(1): 153-164.

[9] WEIMENG S, ZHIQIANG Z. 3D variable structure guidance law based on adaptive model-following control with impact angular constraints: Proceedings of the 26th Chinese Control Conference, July 26-31, 2007[C]. Zhangjiajie: IEEE, 2007.

[10] GU W J, YU J Y, ZHANG R C. A three-dimensional missile guidance law with angle constraint based on sliding mode control: Proceedings of IEEE International Conference on Control and Automation, 30 May-1 June, 2007[C]. Guangzhou: IEEE, 2007.

[11] HUANG J, LIN C F. Application of sliding mode control to bank-to-turn missile systems: Proceedings of the 1st IEEE Regional Conference on Aerospace Control Systems, May 25-27, 1993[C]. Westlake Village, California, America: IEEE, 2002.

[12] QIN L, ZHANG W, Fan F. Quaternion method for kinematics modeling of high attack-angle flying carrier[J]. Journal of North University of China (Natural Science Edition), 2006, 27(3): 276-279.

[13] QWIVEDI P N, TIWARI S N, BHATTACHARYA A, PADHI R. A ZEM based effective integrated estimation and guidance of interceptor in terminal phase: Proceedings of AIAA Guidance, Navigation, and Control conference, August 2-5, 2010[C]. Toronto, Ontario, Canada: AIAA, 2012.

[14] HOU M, DUAN G. Integrated guidance and control of homing missiles against ground fixed targets[J]. Chinese Journal of Aeronautics, 2008, 21: 162-168.

[15] WEI Y, HOU M, DUAN G R. Adaptive multiple sliding surface control for integrated missile guidance and autopilot with terminal angular constraint: Proceedings of the 29th Chinese Control Conference, July 29-31, 2010[C]. Beijing: IEEE, 2010.

[16] CHWA D K, CHIO J Y. New parametric affine modeling and control for

skid-to-turn missiles[J]. IEEE Transactions on Control Systems Technology, 2000, 9(2): 335-347.

[17] LEE J I, HA I J. Autopilot design for highly maneuvering STT missiles via singular perturbation-like technique[J]. IEEE Transactions on Control Systems Technology, 1999, 7(5): 527-541.

[18] WU P, YANG M. Integrated guidance and control design for missile with terminal impact angle constraint based on sliding mode control[J]. Journal of Systems Engineering and Electronics, 2010, 21(4): 623-628.

[19] YU S, YU X, SHIRINZADEH B, MAN Z. Continuous finite-time control for robotic manipulators with terminal sliding mode[J]. Automatica, 2005, 41: 1957-1964.

[20] CHEN S Y, LIN F J. Robust nonsingular terminal sliding-mode control for nonlinear magnetic bearing system[J]. IEEE Transactions on Control Systems Technology, 2011, 19(3): 636-643.

[21] NEILA M B R, TARAK D. Adaptive terminal sliding mode control for rigid robotic manipulators[J]. International Journal of Automation and Computing, 2011, 8(2): 215-220.

[22] ZHIHONG M, PAPLINSKI A P, WU H R. A robust MIMO terminal sliding mode control scheme for rigid robotic manipulators[J]. IEEE Transactions on Automatic Control, 1994, 39(12): 2464-2469.

[23] ZHU Z, XIA Y, FU M. Adaptive sliding mode control for attitude stabilization with actuator saturation[J]. IEEE Transactions on Industrial Electronics, 2011, 58(10): 4898-4907.

[24] ZHOU D, SUN S. Guidance laws with finite time convergence[J]. Journal of Guidance, Control and Dynamics, 2009, 32(6): 1838-1846.

第二部分

多导弹协同作战的制导与控制一体化设计

第6章 同时考虑影响角和影响时间的制导与控制一体化设计

6.1 引 言

在导弹拦截问题中,不仅希望获得最小的脱靶量,往往还要求满足一些终端约束,例如影响角和影响时间限制。导弹以指定角度击中目标,可以增强弹头的威力[1],例如,反舰导弹从舰船上空做垂直攻击时威力最大[2]。影响时间约束对多导弹执行饱和攻击任务是非常重要的,所有参战导弹若能同时击中目标,则必然增强攻击威力[2]。

在 1973 年,Kim 和 Grider 首次提出了带有影响角约束的制导律[3],随后涌现出很多成果,比如,文献[4]~[6]分别采用线性二次调节器、滑模控制和反演控制方法,提出了带有影响角约束的制导与控制一体化设计。然而这些工作并没有考虑影响时间。

早期关于带有时间约束制导律设计的结果,大都假设导弹的航迹角很小,基于这个假设可将导弹攻击几何模型线性化,再采用优化控制方法设计导引律[7]~[10]。随后有学者针对非线性攻击几何模型设计带有时间约束的导引律[11]~[14],这些工作基于李雅普诺夫稳定性理论,使得估计的剩余飞行时间与期望的剩余飞行时间之差收敛到零。然而通常情况下是很难精确估计剩余飞行时间的。文献[15]给出了剩余飞行时间的一个解析形式,然而只适用于采用纯比例导引攻击静止目标的情形。还有其他一些同时考虑影响角和影响时间约束的研究,比如,文献[16]采用滑模控制,提出了一种带有影响角和影响时间约束的制导律;文献[17]提出了一种切换思路,在影响角制导律和影响时间制导律之间进行切换。注意,现有的带有影响时间约束的制导律都没有考虑导弹的动力学模型,如果只考虑制导回路而忽视控制回路则无法保证系统的稳定性。虽然文献[18]采用动态面控制法和扰动观测技术提出了一种协同制导与控制一体化设计,可以实现饱和攻击,然而没有考虑影响角约束,也没有详细叙述如何选取共同影响时间。共同影响时间若小于某导弹的最短飞行时间,则该导弹无法在指定的共同影响时间击中目标。

本章将在部分制导与控制一体化框架下设计控制器,使导弹能以预设影响角击中目标,同时给出影响时间的一个高精度估计。所设计的制导控制律可使导弹的飞行轨迹分成两个阶段,在第一阶段,视线角将在指定时间收敛到期望值,在第二阶段,视线角将保持期望值,即导弹沿直线飞行。同时给出了剩余飞行时间的估计表达式,通过表达式中参数的选取,可以使导弹在给定时间击中目标,因此本章结果可应用到多导弹饱和攻击中。

6.2　问题描述

本章假设导弹和目标在同一垂直面上运动,且目标为固地静止的。记 λ、T_f、λ^* 分别为导弹的实际视线角、期望打击时间和期望视线角。本章的设计目标是使导弹能在期望时间 T_f 击中目标($r(T_f)=r^0$,r^0 将在注释 $6-1$ 中给出),且使导弹在击中时刻的实际视线角等于给定值($\lambda(T_f)=\lambda^*$)。最后将理论结果应用到多导弹饱和攻击中。

6.2.1　模型描述

本小节介绍导弹的动力学模型和导弹目标的相对运动几何模型。

1. 导弹模型

本章假设:① 导弹的滚转和偏航通道稳定;② 导弹速度大小不变,只有方向改变。忽略重力以及纵向通道与侧向通道的耦合,导弹的纵向通道动力学模型为[19][20]

$$\begin{cases} \dot{\alpha}=q+\dfrac{-F_x\sin\alpha+F_z\cos\alpha}{mV_M} \\ \dot{\theta}=q \\ \gamma_M=\theta-\alpha \\ n_L=\dot{\gamma}_M V_M \end{cases} \qquad (6-1)$$

$$\dot{q} = \frac{M}{I_{yy}} \tag{6-2}$$

其中，α，V_M，q，θ，n_L，γ_M 分别为导弹的攻角、速度、俯仰速率、俯仰角、垂直加速度和航迹角；m 为导弹质量；I_{yy} 为导弹的转动惯量；F_x，F_z 和 M 分别为导弹的气动力和力矩，具体表达式为

$$F_x = k_F \rho V_M^2 c_x(\alpha)$$

$$F_z = k_F \rho V_M^2 c_z(\alpha, Ma)$$

$$M = k_M \rho V_M^2 c_m(\alpha, Ma, \delta_e)$$

其中，k_F 和 k_M 是导弹的几何常数；ρ 是大气密度；Ma 是马赫数；δ_e 是舵面升降角（也是控制输入量）；$c_x(\alpha)$，$c_z(\alpha, M_m)$，$c_m(\alpha, M_m, \delta_e)$ 是气动系数，其近似表达式为[20]

$$c_z(\alpha, Ma) = c_{z1}(\alpha) + c_{z2}(\alpha)Ma$$

$$c_m(\alpha, Ma, \delta_e) = c_{m0}(\alpha, Ma) + c_m^{\delta_e}\delta_e$$

$$c_{m0}(\alpha, Ma) = c_{m1}(\alpha) + c_{m2}(\alpha)Ma$$

且 $c_x(\alpha)$，$c_{z1}(\alpha)$，$c_{z2}(\alpha)$，$c_{m1}(\alpha)$ 和 $c_{m2}(\alpha)$ 是攻角 α 的函数；$c_m^{\delta_e}$ 是俯仰力矩 M 相对于 δ_e 的偏导数。

式（6-1）和式（6-2）分别代表导弹的慢、快动态。导弹快慢动态的时间常数不一样，这是因为导弹的慢运动动态由气动力主宰，导弹的快动态由气动力矩主宰。导弹的舵面偏转产生的气动力较小，然而由于力臂大，导致的气动力矩较大[21]。因此这里将导弹的纵向动力学模型划分成慢动态（6-1）和快动态（6-2）。

2. 相对运动几何模型

图 6-1 所示为导弹和目标的相对运动几何模型，图中，M 和 T 分别代表导弹和静止目标；V_M，n_L 和 γ_M 分别表示导弹的速度、垂直加速度和航迹角。导弹与目标间的连线称为视线，视线与参考线之间的夹角为视线角 λ，导弹与目标之间的相对直线距离用 r 表示，即剩余飞行距离。

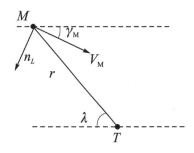

图 6-1 平面拦截几何模型

由图 6 - 1 可知

$$\begin{cases} V_r = -V_M \cos(\lambda - \gamma_M) \\ V_\lambda = V_M \sin(\lambda - \gamma_M) \end{cases} \quad (6-3)$$

其中,V_r 和 V_λ 分别表示导弹速度沿视线和垂直视线方向的分量。对式(6 - 3)进行一次微分并使用 $n_L = V_M \dot{\gamma}_M$,则可得导弹目标的相对运动模型,即[19]

$$\begin{cases} \dot{r} = V_r \\ \dot{V}_r = \dfrac{V_\lambda^2}{r} - \sin(\lambda - \gamma_M) n_L \\ \dot{\lambda} = \dfrac{V_\lambda}{r} \\ \dot{V}_\lambda = -\dfrac{V_\lambda V_r}{r} - \cos(\lambda - \gamma_M) n_L \end{cases} \quad (6-4)$$

6.2.2　拦截策略

本章将对控制器进行设计,使得导弹的飞行弹道分为两段,具体如下:

第一阶段([0, T_c]):设计控制器使得当 $t \to T_c$ 时,$\dot{\lambda} \to 0$ 且 $\lambda \to \lambda^*$,其中,T_c 是用户设定的收敛时间。

第二阶段([T_c, T_f]):设计控制器使得 $\lambda = \lambda^*$ 且 $\dot{\lambda} = 0$。

注释 6 - 1:由于导弹和目标都具有一定的尺寸[19][22],因此当导弹目标间的相对距离满足 $r \in [r_{min}, r_{max}]$ 时,则可认为打击成功[23]。因此,在导弹的整个飞行过程中,$r^0 \leqslant r(t) \leqslant r(0)$,$r^0 \in [r_{min}, r_{max}]$[23],其中 $r(0)$ 指初始弹目相对距离。

注释 6 - 2:这里利用导弹目标的相对运动模型(6 - 4)证明拦截策略的有效性。假设当 $t \geqslant T_c$ 时,$\dot{\lambda} = 0$。由相对运动模型(6 - 4)的第三个方程可知,$V_\lambda = 0$;再利用式(6 - 3)的第二个方程可知,$\sin(\dot{\lambda} - \gamma_M) = 0$。假设 $|\lambda(0) - \gamma_M(0)| \leqslant \dfrac{\pi}{2}$,则可得 $\cos(\lambda - \gamma_M) = 1$[29],将其代入式(6 - 3)的第一个方程,有

$$\dot{r} = V_r = -V_M \tag{6-5}$$

即当 $t \geqslant T_c$ 时,导弹将沿视线飞向目标,因此 $\dot{\lambda} = 0$ 可以保证击中目标。对
式(6-5)从 T_c 到 t 积分,有 $r(t) - r(T_c) = V_M(t - T_c)$。令 $r(T_f) = r^0$,
可得攻击时间 $T_f = T_c + \dfrac{r(T_c) - r^0}{V_M}$。

6.3　部分制导与控制一体化设计

　　本节采用图 6-2 所示的部分制导与控制一体化设计框架。该框架包
含两个环:外环和内环。外环将导弹的俯仰速率作为中间设计变量,综合
考虑导弹目标的相对运动模型和导弹的慢运动动态,保证 6.2.2 小节拦截
策略的实现。内环将导弹的升降舵偏转作为设计变量,考虑导弹的快运动
动态,使得导弹的实际俯仰速率跟踪上外环产生的俯仰速率指令。

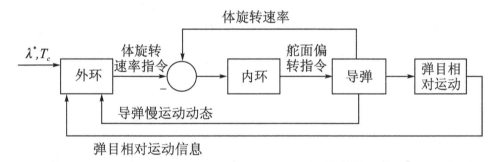

图 6-2　部分制导与控制一体化框图

6.3.1　部分制导与控制一体化模型

　　在进行部分制导与控制一体化设计之前,首先建立外环和内环模型。
外环将导弹的俯仰速率作为中间设计变量,记为 q_c。设计目标是当 $t \to T_c$
时,$\lambda \to \lambda^*$ 和 $\dot{\lambda} \to 0$,其中 λ^* 是期望的视线角,T_c 是用户自设的收敛时间。
由动力学模型(6-1)可得 $\dot{n}_L = \dfrac{-n_L + V_M q}{T_\alpha}$[24][19],其中,$T_\alpha = \dfrac{V_M m}{\bar{\rho} s C_{L\alpha}}$ 是转

弯速率时间常数[19],$\bar{\rho} = \dfrac{1}{2} \rho V_M^2$ 是压力,s 是导弹的参考面积,$C_{L\alpha} =$

$\dfrac{\partial C_L}{\partial \alpha}$，$C_L$ 是气动系数[19]。

令 $x_1 = e_\lambda = \lambda - \lambda^*$，$x_2 = \dot{e}_\lambda = \dot{\lambda}$，$x_3 = \ddot{e}_\lambda = \ddot{\lambda}$，$\boldsymbol{x} = [x_1 \quad x_2 \quad x_3]^{\mathrm{T}}$，由相对运动模型可得外环模型为

$$\begin{cases} \dot{x}_1 = x_2 \\ \dot{x}_2 = x_3 \\ \dot{x}_3 = f_0(\boldsymbol{x}, t) + b_0(\boldsymbol{x}, t) q_c \end{cases} \tag{6-6}$$

其中，

$$f_0(\boldsymbol{x}, t) = \frac{3n_L}{r^2}(V_r \cos(\lambda - \gamma_{\mathrm{M}}) + V_\lambda \sin(\lambda - \gamma_{\mathrm{M}})) + \frac{2}{r^3}(3V_\lambda V_r^2 - V_\lambda^3) -$$

$$\frac{n_L^2}{V_{\mathrm{M}} r}\sin(\lambda - \gamma_{\mathrm{M}}) + \frac{n_L}{T_a r}\cos(\lambda - \gamma_{\mathrm{M}})$$

$$b_0(\boldsymbol{x}, t) = -\frac{V_{\mathrm{M}}}{T_a r}\cos(\lambda - \gamma_{\mathrm{M}})$$

内环将舵面偏转 δ_e 作为设计变量，使得 $q \to q_c$。定义 $e_q = q_c - q$，由导弹快动态可得内环模型为

$$\dot{e}_q = f_1 + b_1 \delta_e \tag{6-7}$$

其中，$f_1 = -\dfrac{k_{\mathrm{M}} \rho V_{\mathrm{M}}^2}{I_{yy}} c_{m0}(\alpha, M_m) + \dot{q}_c$，$b_1 = -\dfrac{k_{\mathrm{M}} \rho V_{\mathrm{M}}^2 c_m^{\delta_e}}{I_{yy}}$。

6.3.2　外环控制器设计

外环设计 q_c，使得当 $t \to T_c$ 时，$x_i(t) \to 0 (i = 1, 2, 3)$；当 $t \in [T_c, T_f]$ 时，$x_i(t) = 0 (i = 1, 2, 3)$。其中，$x_1(T_f) = 0$ 可以保证 $\lambda(T_f) = \lambda^*$；$x_2(t) = 0$ 可以保证 $r(T_f) = r^0$。

首先介绍一个重要推理。

推理 6-1：构建变量 $\bar{\sigma}$ 如下[25]：

$$\bar{\sigma} = x_3 + \frac{k_0 + k}{t_{\mathrm{go}}} x_2 + \frac{k_0(k+1)}{t_{\mathrm{go}}^2} x_1 \tag{6-8}$$

其中，$t_{\mathrm{go}} = T_c - t$；$k_0$ 和 k 是待设计参数，其选择应满足 $k_0 > 0$，$k > 2$，$k_0 \neq k+1$。若 $\bar{\sigma} \equiv 0$，有当 $t \to T_c$ 时，$x_i(t) \to 0 (i = 1, 2, 3)$。

证明 6 - 1：证明推理 6 - 1。

若 $\bar{\sigma} \equiv 0$，联立式(6 - 6)和式(6 - 8)可得

$$\dddot{x}_1 + \frac{k_0 + k}{t_{go}} \ddot{x}_1 + \frac{k_0(k+1)}{t_{go}^2} \dot{x}_1 = 0 \qquad (6-9)$$

假设方程(6 - 9)有解，形式为

$$x_1 = ct_{go}^n \qquad (6-10)$$

其中，c 和 n 是非零常数。x_1 的一阶和二阶导数分别为

$$\dot{x}_1 = -cnt_{go}^{n-1}, \quad \ddot{x}_1 = cn(n-1)t_{go}^{n-2} \qquad (6-11)$$

将式(6 - 10)和式(6 - 11)代入式(6 - 9)可得

$$(n-k-1)(n-k_0)ct_{go}^{n-2} = 0 \qquad (6-12)$$

很显然，$n = k+1$ 或 $n = k_0$ 是方程(6 - 12)的解。因此方程(6 - 9)的一个通解为

$$x_1 = ct_{go}^{k+1} + c_0 t_{go}^{k_0} \qquad (6-13)$$

其中，c 和 c_0 是非零待定常数。

下面确定 c 和 c_0 的值。对式(6 - 13)分别求一阶和二阶导数，可得

$$x_2 = \dot{x}_1 = -c(k+1)t_{go}^k - c_0 k_0 t_{go}^{k_0-1} \qquad (6-14)$$

$$x_3 = \ddot{x}_1 = c(k+1)kt_{go}^{k-1} + c_0 k_0(k_0-1)t_{go}^{k_0-2} \qquad (6-15)$$

假设 x_1 和 $\dot{x}_1$ 的初始值分别为 $x_1(0)$ 和 $x_2(0)$，令式(6 - 13)和式(6 - 14)中的 $t = 0$，有

$$x_1(0) = cT_c^{k+1} + c_0 T_c^{k_0} \qquad (6-16)$$

$$x_2(0) = -c(k+1)T_c^k - c_0 k_0 T_c^{k_0-1} \qquad (6-17)$$

联立求解，可得 $c = \dfrac{T_c x_2(0) + k_0 x_1(0)}{T_c^{k+1}(k_0-k-1)}$，$c_0 = \dfrac{T_c x_2(0) + (k+1)x_1(0)}{(k+1-k_0)T_c^{k_0}}$。

因为 $k_0 \neq k+1$，所以 c 和 c_0 都是有限值。

综上所述，当 $\bar{\sigma} \equiv 0$ 时，$x_i(i=1,2,3)$ 有表达式(6 - 13)、(6 - 14)、(6 - 15)。因此，当 $t \rightarrow T_c$（即 $t_{go} \rightarrow 0$）时，$x_i(t) \rightarrow 0(i=1,2,3)$。

针对外环模型(6 - 6)的外环控制器设计如下。

定理 6 - 1：中间控制变量 q_c 设计为

$$
q_c = \begin{cases} \dfrac{1}{b_0(\boldsymbol{x},t)}\left(-f_0(\boldsymbol{x},t)-g(\boldsymbol{x},t)-\beta_1|\sigma|^{\frac{q_1}{p_1}}\mathrm{sgn}(\sigma)-\right. \\ \qquad\qquad\quad \left.\beta_2|s|^{\frac{q_2}{p_2}}\mathrm{sgn}(s)\right) \end{cases} ,\quad 0\leqslant t<T_c \\[2mm]
\dfrac{1}{b_0(\boldsymbol{x},t)}(-f_0(\boldsymbol{x},t)), \qquad\qquad\qquad\qquad t\geqslant T_c
$$

$$(6-18)$$

其中，

$$
g(\boldsymbol{x},t) = \begin{cases} (k_0+k)\left(\dfrac{x_3}{t_{\mathrm{go}}}+\dfrac{x_2}{t_{\mathrm{go}}^2}\right)+k_0(k+1)\left(\dfrac{x_2}{t_{\mathrm{go}}^2}+2\,\dfrac{x_1}{t_{\mathrm{go}}^3}\right), & 0\leqslant t<T_c \\[2mm] 0, & t\geqslant T_c \end{cases}
$$

$$(6-19)$$

$$
s=\sigma+\beta_1\omega,\quad \omega=\int|\sigma|^{\frac{q_1}{p_1}}\mathrm{sgn}(\sigma),\sigma=\begin{cases}\bar{\sigma}, & 0\leqslant t<T_c \\ x_3, & t\geqslant T_c\end{cases}
$$

$$(6-20)$$

$\beta_1>0,\beta_2>0,q_1<p_1,q_2<p_2,p_1,p_2,q_1,q_2$ 是正整数，则当 $t\geqslant T_c$ 时，$x_i(t)=0(i=1,2,3)$。

证明 6-2：证明定理 6-1。

首先证明当 $t<T_c$ 时，存在有限时间 T_s，在 $t\geqslant T_s$ 时，有 $s(t)\equiv 0$。当 $t<T_c$ 时，$s=\sigma+\beta_1\omega$，对 s 求一次导数，有

$$
\dot{s}=\dot{\sigma}+\beta_1|\sigma|^{\frac{q_1}{p_1}}\mathrm{sgn}(\sigma)=
$$

$$
f_0(\boldsymbol{x},t)+b_0(\boldsymbol{x},t)q_c+g(\boldsymbol{x},t)+\beta_1|\sigma|^{\frac{q_1}{p_1}}\mathrm{sgn}(\sigma) \qquad (6-21)
$$

定义 $V_s=\dfrac{1}{2}s^2$，对 V_s 进行一次微分且代入式(6-21)，有 $\dot{V}_s=s\dot{s}=$

$-\beta_2|2V_s|^{\frac{p_2+q_2}{2p_2}}$。由第 1 章的引理 1-1 知，存在有限时间 T_s，当 $T_s\leqslant t\leqslant T_c$

时，$s(t)=0$，其中，$T_s=T_q+\dfrac{|s(T_q)|^{1-\frac{q_2}{p_2}}}{\left(1-\dfrac{q_2}{p_2}\right)\beta_2}$，$T_q$ 将在后面的内环设计中给出。

其次证明存在有限时间 $T_\sigma\geqslant T_s$，当 $t\geqslant T_\sigma$ 时，有 $\sigma(t)=0$。因为已证明，当 $T_s\leqslant t<T_c$ 时，$s(t)\equiv 0$，由式(6-20)可得

$$\sigma = -\beta_1 \int |\sigma|^{\frac{q_1}{p_1}} \mathrm{sgn}(\sigma) \mathrm{d}\tau$$

对 σ 求一次导数有，$\dot{\sigma} = -\beta_1 |\sigma|^{\frac{q_1}{p_1}} \mathrm{sgn}(\sigma)$。定义 $V_\sigma = \dfrac{1}{2}\sigma^2$ 并进行一次微分，有

$$\dot{V}_\sigma = \sigma\dot{\sigma} = -\beta_1 |\sigma|^{\frac{q_1}{p_1}+1} = -\beta_1 (2V_\sigma)^{\frac{p_1+q_1}{2p_1}}$$

由第 1 章的引理 1-1 可知，存在有限时间 T_σ，当 $t \geqslant T_\sigma$ 时，$\sigma(t) = 0$，其中

$$T_\sigma = T_s + \frac{|\sigma(T_s)|^{1-\frac{q_1}{p_1}}}{\left(1 - \dfrac{q_1}{p_1}\right)\beta_1}$$

由推理 6-1 进一步可知，若 $\sigma \equiv 0$，则当 $t \rightarrow T_c$ 时，$x_i(t) \rightarrow 0 (i=1,2,3)$。当 $t \geqslant T_c$ 时，将式（6-18）代入式（6-6）有

$$\dot{x}_1 = x_2$$
$$\dot{x}_2 = x_3$$
$$\dot{x}_3 = 0$$

考虑到 $x_i(T_c) = 0 (i=1,2,3)$，因此，当 $t \geqslant T_c$ 时，$x_i(t) = 0 (i=1,2,3)$。

注释 6-3： 由定理 6-1 可知，当 $t \geqslant T_\sigma$ 时，方程（6-13），（6-14）和（6-15）成立。将方程（6-13），（6-14）和（6-15）代入式（6-19），可得

$$g(\boldsymbol{x},t) = (k_0+k)(c(k+1)kt_{\mathrm{go}}^{k-2} + c_0 k_0(k_0-1)t_{\mathrm{go}}^{k_0-3} -$$
$$c(k+1)t_{\mathrm{go}}^{k-2} - c_0 k_0 t_{\mathrm{go}}^{k_0-3}) + k_0(k+1)(-c(k+1)t_{\mathrm{go}}^{k-2} -$$
$$c_0 k_0 t_{\mathrm{go}}^{k_0-3} + 2c t_{\mathrm{go}}^{k-2} + 2c_0 t_{\mathrm{go}}^{k_0-3})$$

因此，为了避免 $g(\boldsymbol{x},t)$ 出现奇异，要求 $k_0 > 3$ 且 $k > 2$。这样，当 $t = T_c$（即 $t_{\mathrm{go}} = 0$）时，$g(\boldsymbol{x},t) = 0$。当 $t \geqslant T_c$ 时，$x_i(t) = 0 (i=1,2,3)$，再由 σ 和 s 的定义知，$s = 0$ 且 $\sigma = 0$，因此俯仰速率指令 q_c（即式（6-18））在 $t = T_c$ 时刻是连续的。

注释 6-4： 由俯仰速率指令 q_c 的表达式（6-18）可知，当 $\cos(\lambda - \gamma_M) = 0$ 时，$b_0(\boldsymbol{x},t) = 0$，此时会发生奇异。在后面的内容中，将会解释当选择初始值 $\lambda(0)$ 和 $\gamma_M(0)$ 满足 $|\lambda(0) - \gamma_M(0)| < \dfrac{\pi}{2}$ 时，则可避免奇异。

6.3.3　内环控制器设计

考虑内环模型(6-7),以舵面偏转 δ_e 作为设计变量,使得 $e_q \rightarrow 0$。

定理 6-2:舵面偏转 δ_e 设计为

$$\delta_e = \frac{1}{b_1} \left(-f_1 - \beta_3 |e_q|^{\frac{q_3}{p_3}} \mathrm{sgn}(e_q) \right) \tag{6-22}$$

其中,$\beta_3 > 0$,$q_3 < p_3$,且 p_3,q_3 是正整数,则存在有限时间 T_q,当 $t \geq T_q$ 时,$e_q = 0$,其中

$$T_q = \frac{|e_q(0)|^{1-\frac{q_3}{p_3}}}{\left(1 - \dfrac{q_3}{p_3}\right)\beta_3}$$

证明 6-3:证明定理 6-2。

将式(6-22)代入式(6-7),有 $\dot{e}_q = -\beta_3 |e_q|^{\frac{q_3}{p_3}} \mathrm{sgn}(e_q)$。定义 $V_{e_q} = \frac{1}{2} e_q^2$ 且对 V_{e_q} 进行一次微分,有

$$\dot{V}_{e_q} = e_q \dot{e}_q = -\beta_3 |e_q|^{\frac{q_3}{p_3}+1} = -\beta_3 (2V_{e_q})^{\frac{p_3+q_3}{2p_3}}$$

由第 1 章的引理 1-1 可知,存在有限时间 $T_q = \dfrac{|e_q(0)|^{1-\frac{q_3}{p_3}}}{\left(1 - \dfrac{q_3}{p_3}\right)\beta_3}$,当 $t \geq T_q$ 时,$e_q(t) = 0$。

注释 6-5:由定理 6-2 可知,当 $t \geq T_q$ 时,$q = q_c$,再由定理 6-1 知,当 $t \geq T_s > T_q$ 时,$s(t) = 0$;当 $t \geq T_\sigma > T_s > T_q$ 时,$\sigma = 0$。因此,应选择 T_c 满足 $T_c > T_\sigma \geq T_s \geq T_q \geq 0$。

注释 6-6:当目标沿直线做匀速运动且速度大小恒为 V_T 时,所提出的控制器(6-18)和(6-22)仍然能保证:当 $t \rightarrow T_c$ 时,$\lambda \rightarrow \lambda^*$ 且 $\dot{\lambda} \rightarrow 0$;当 $t \geq T_c$ 时,$\lambda = \lambda^*$ 且 $\dot{\lambda} = 0$。当 $t \geq T_c$ 时,此时的导弹目标相对直线运动速度为

$$V_r = -\sqrt{V_M^2 - V_T^2 (\sin\lambda^*)^2} + V_T \cos\lambda^*$$

攻击时间为

$$T_f = T_c + \frac{r(T_c)}{-V_r}$$

定理 6-1 已经证明当 $T_\sigma \leqslant t < T_c$ 时，$x_i \to 0 (i=1,2,3)$，且当 $t \geqslant T_c$ 时，$x_i = 0 (i=1,2,3)$。那么当 $t \in [0,T_\sigma]$ 时，系统状态是否有界呢？为了得到结果，先引入一个推理。

推理 6-2： 考虑系统

$$\dot{\xi} + \beta |\xi|^{\frac{q}{p}} \mathrm{sgn}(\xi) = u \tag{6-23}$$

其中，$\beta > 0$，p 和 q 都是正整数且满足 $q < p$。如果 $|u| \leqslant u_{\max}$，则 $|\xi| \leqslant c$，$c > 0$ 为常数。

证明 6-4： 证明推理 6-2。

定义 $V_\xi = \frac{1}{2}\xi^2$，并求其一阶导数，有

$$\dot{V}_\xi = \xi\dot{\xi} = -\beta|\xi|^{\frac{q}{p}+1} + u\xi \leqslant -\beta(\sqrt{2})^{(1+\frac{q}{p})}(\sqrt{V_\xi})^{(1+\frac{q}{p})} + u_{\max}\sqrt{2V_\xi}$$

令 $W_\xi = \sqrt{V_\xi}$，其导数为

$$\dot{W}_\xi = \frac{\dot{V}_\xi}{2\sqrt{V_\xi}} \leqslant -\beta\sqrt{2}^{(\frac{q}{p}-1)} W_\xi^{\frac{q}{p}} + \frac{u_{\max}}{\sqrt{2}}$$

如果 $|\xi(0)| \leqslant \left(\frac{u_{\max}}{\beta}\right)^{\frac{p}{q}}$，则 $\left\{\xi \mid |\xi| \leqslant \left(\frac{u_{\max}}{\beta}\right)^{\frac{p}{q}}\right\}$ 将为一个不变集；如果 $|\xi(0)| > \left(\frac{u_{\max}}{\beta}\right)^{\frac{p}{q}}$，则 $\dot{W}_\xi(0) < 0$，因此 $|\xi(t)| \leqslant |\xi(0)|$。综上所述，$|\xi(t)| \leqslant c$。其中，$c = \max\left\{\left(\frac{u_{\max}}{\beta}\right)^{\frac{p}{q}}, |\xi(0)|\right\}$。

推理 6-3： 当 $t \in [0,T_\sigma]$ 时，状态 $x_i(i=1,2,3)$ 是有界的。

证明 6-5： 证明推理 6-3。

证明分为三部分：$t \in [0,T_q]$，$t \in [T_q,T_s]$ 和 $t \in [T_s,T_\sigma]$。

首先证明 $|\sigma|$ 是有界的。

当 $t \in [0,T_q]$ 时，由定理 6-2 知，$q \neq q_c$ 且 $|e_q| \leqslant |e_q(0)|$；由注释 6-1 可得，$|b_0(\boldsymbol{x},t)| \leqslant \frac{V_M}{T_a r^0}$。此时

$$\dot{s} = f_0(\boldsymbol{x},t) + b_0(\boldsymbol{x},t)q + g(\boldsymbol{x},t) + \beta_1 |\sigma|^{\frac{q_1}{p_1}} \mathrm{sgn}(\sigma) =$$

$$f_0(\boldsymbol{x},t) + b_0(\boldsymbol{x},t)(q_c - e_q) + g(\boldsymbol{x},t) + \beta_1 |\sigma|^{\frac{q_1}{p_1}} \mathrm{sgn}(\sigma) =$$

$$-\beta_2 |s|^{\frac{q_2}{p_2}} \mathrm{sgn}(s) - b_0(\boldsymbol{x},t)e_q \qquad (6-24)$$

其中，$|b_0(\boldsymbol{x},t)e_q| \leqslant \dfrac{V_M |e_q(0)|}{T_a r^0}$。系统 $(6-24)$ 与 $(6-23)$ 有相同的结构，由推理 $6-2$ 可得

$$|s| \leqslant \max\left\{ \left(\frac{V_M |e_q(0)|}{T_a r^0 \beta_2}\right)^{\frac{p_2}{q_2}}, |s(0)| \right\} = c_s \qquad (6-25)$$

代入式 $(6-24)$，进一步可得 $|\dot{s}| \leqslant \beta_2 c_s^{\frac{q_2}{p_2}} + \dfrac{V_M |e_q(0)|}{T_a r^0} = c_{\dot{s}}$。

当 $t \in [T_q, T_s]$ 时，由定理 $6-1$ 知，$|s(t)| \leqslant |s(T_q)| \leqslant c_s$，那么式 $(6-25)$ 依然成立。综上所述，当 $t \in [0, T_s]$ 时，都有

$$|\dot{s}| \leqslant \beta_2 c_s^{\frac{q_2}{p_2}} + \frac{V_M |e_q(0)|}{T_a r^0} = c_{\dot{s}}$$

考虑到此时的 σ 满足

$$\dot{\sigma} + \beta_1 |\sigma|^{\frac{q_1}{p_1}} \mathrm{sgn}(\sigma) = \dot{s} \qquad (6-26)$$

该系统与 $(6-23)$ 具有相同的结构，因此由推理 $6-2$ 可得，当 $t \in [0, T_s]$ 时，

$$|\sigma| \leqslant \max\left\{ \left(\frac{c_{\dot{s}}}{\beta_1}\right)^{\frac{p_1}{q_1}}, |\sigma(0)| \right\} = c_\sigma \qquad (6-27)$$

当 $t \in [T_s, T_\sigma]$ 时，由定理 $6-1$ 知，$|\sigma(t)| \leqslant |\sigma(T_s)| \leqslant c_\sigma$。综上所述，当 $t \in [0, T_\sigma]$ 时，式 $(6-27)$ 成立。

下面将证明状态 $x_i(i=1,2,3)$ 是有界的。

由外环模型 $(6-6)$ 可得

$$\begin{bmatrix} \dot{x}_1 \\ \dot{x}_2 \end{bmatrix} = \underbrace{\begin{bmatrix} 0 & 1 \\ -\dfrac{k_0(k+1)}{t_{go}^2} & -\dfrac{k_0+k}{t_{go}} \end{bmatrix}}_{A} \underbrace{\begin{bmatrix} x_1 \\ x_2 \end{bmatrix}}_{\boldsymbol{x}} + \underbrace{\begin{bmatrix} 0 \\ 1 \end{bmatrix}}_{\boldsymbol{B}} \sigma$$

其解为 $\boldsymbol{x}(t)=\boldsymbol{\phi}(t,0)\boldsymbol{x}_0+\int_0^t\boldsymbol{\phi}(t,\tau)\boldsymbol{B}\sigma(\tau)\mathrm{d}\tau$，$t\in[0,T_\sigma]$。其中，$\boldsymbol{x}_0=$ $\boldsymbol{x}(0)$，$\dot{\boldsymbol{\phi}}(t,0)=\boldsymbol{A}(t)\boldsymbol{\phi}(t,0)$[26][27]。因为 $\boldsymbol{A}(t)$ 是连续的，所以 $\boldsymbol{\phi}(t,0)$ 也是连续的，则当 $t\in[0,T_\sigma]$ 时，有 $\phi_{\min}\leqslant\|\boldsymbol{\phi}(t,\tau)\|\leqslant\phi_{\max}$，所以 $\|\boldsymbol{x}\|\leqslant\phi_{\max}$ $\|\boldsymbol{x}_0\|+\phi_{\max}\|\boldsymbol{B}\|c_\sigma T_\sigma$。至此可得 x_1,x_2 是有界的，由式(6-8)可得 x_3 也是有界的。

6.3.4　攻击时间 T_f 的估计

系统动态过程如图 6-3 所示，由图 6-3 可知，导弹的飞行轨迹包括两个阶段：

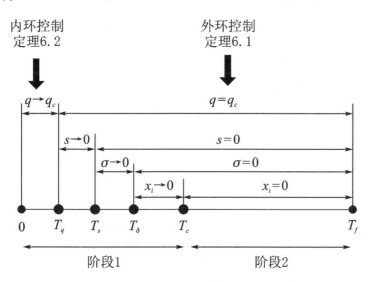

图 6-3　系统动态过程图

阶段 1：$t\in[0,T_c]$，$V_r=-V_M\cos(\lambda-\gamma_M)$，则有
$$\mathrm{d}r=V_r\mathrm{d}t=-V_M\cos(\lambda-\gamma_M)\mathrm{d}t \tag{6-28}$$
对式(6-28)从 0 到 T_c 积分，有
$$r(T_c)=r(0)-V_M\int_0^{T_c}\cos(\lambda-\gamma_M)\mathrm{d}t$$

阶段 2：$t\in[T_c,T_f]$，$V_r=-V_M$。

攻击时间表达式为
$$T_f=T_c+\frac{r(T_c)}{V_M}=T_c+\frac{r(0)}{V_M}-\int_0^{T_c}\cos(\lambda-\gamma_M)\mathrm{d}t \tag{6-29}$$

推理 6 - 4[29]：当选取初始条件和设计参数，使得下列条件同时满足时：

① $x_1(0)x_2(0) < 0$

② $\cos(\lambda(0) - \gamma_M(0)) > 0$

③ $\max\left\{3, -1 - T_c \dfrac{x_2(0)}{x_1(0)}\right\} < k = k_0 < -T_c \dfrac{x_2(0)}{x_1(0)}$

有 $\cos(\lambda(t) - \gamma_M(t)) > \cos(\lambda(0) - \gamma_M(0)) > 0$。

推理 6 - 5[29]：实际攻击时间 $T_{f,\min} \leqslant T_f \leqslant T_{f,\max}$，其中，$T_{f,\min} = \dfrac{r(0)}{V_M}$，$T_{f,\max} = T_c(1 - \cos(\lambda(0) - \gamma_M(0))) + \dfrac{r(0)}{V_M}$。

证明 6 - 6：证明推理 6 - 5。

由推理 6 - 4 可知，$\cos(\lambda(0) - \gamma_M(0)) \leqslant \cos(\lambda(t) - \gamma_M(t)) \leqslant 1$，式(6 - 29)可被放缩为

$$T_f = T_c + \frac{r(0)}{V_M} - \int_0^{T_c} \cos(\lambda - \gamma_M) \, dt \leqslant$$

$$T_c + \frac{r(0)}{V_M} - \int_0^{T_c} \cos(\lambda(0) - \gamma_M(0)) \, dt =$$

$$T_c + \frac{r(0)}{V_M} - \cos(\lambda(0) - \gamma_M(0)) T_c =$$

$$(1 - \cos(\lambda(0) - \gamma_M(0))) T_c + \frac{r(0)}{V_M} = T_{f,\max}$$

和

$$T_f = T_c + \frac{r(0)}{V_M} - \int_0^{T_c} \cos(\lambda - \gamma_M) \, dt \geqslant$$

$$T_c + \frac{r(0)}{V_M} - \int_0^{T_c} 1 \, dt =$$

$$\frac{r(0)}{V_M} = T_{f,\min}$$

因此有 $T_{f,\min} \leqslant T_f \leqslant T_{f,\max}$。

由推理 6 - 4 可得图 6 - 4。可将积分项 $\int_0^{T_c} \cos(\lambda - \gamma_M) \, dt$ 近似为

$$\int_0^{T_c} \cos(\lambda - \gamma_M) \, dt \approx \sum_{i=1}^n S_i，其中，$$

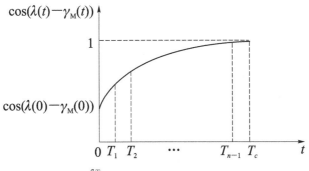

图 6 - 4　$\displaystyle\int_0^{T_c}\cos(\lambda-\gamma_M)\mathrm{d}t$ 的近似曲线图

$$S_i \approx \frac{1}{2}\frac{T_c}{n}\left(\cos(\lambda(T_{i-1})-\gamma_M(T_{i-1}))+\cos(\lambda(T_i)-\gamma_M(T_i))\right)$$

因此,攻击时间 T_f 的一个估计为

$$\hat{T}_f = T_c + \frac{r(0)}{V_M} - \frac{1}{2}\frac{T_c}{n}\sum_{i=1}^{n}\left(\cos(\lambda(T_{i-1})-\gamma_M(T_{i-1}))+\right.$$

$$\left.\cos(\lambda(T_i)-\gamma_M(T_i))\right) \tag{6-30}$$

由式(6-30)可知,$\hat{T}_f$ 的计算需要 $\cos(\lambda(T_i)-\gamma_M(T_i))(i=1,\cdots n)$ 的值。下面介绍 $\cos(\lambda(T_i)-\gamma_M(T_i))$ 的近似递推算法(递推 i 步)。

第 1 步:对式(6-28)从 0 到 T_1 积分,有

$$r(T_1) = r(0) - V_M\int_0^{T_1}\cos(\lambda-\gamma_M)\mathrm{d}t \tag{6-31}$$

利用图 6-4 和梯形近似,有

$$\int_0^{T_1}\cos(\lambda-\gamma_M)\mathrm{d}t \approx \frac{T_c}{2n}\left(\cos(\lambda(0)-\gamma_M(0))+\cos(\lambda(T_1)-\gamma_M(T_1))\right) \tag{6-32}$$

由推理 6-4 可知 $\cos(\lambda(T_1)-\gamma_M(T_1))=\sqrt{1-\sin^2(\lambda(T_1)-\gamma_M(T_1))}$,联立 $\sin(\lambda(T_1)-\gamma_M(T_1))=\dfrac{x_2(T_1)r(T_1)}{V_M}$,有

$$\cos(\lambda(T_1)-\gamma_M(T_1))=\sqrt{1-\left(\frac{x_2(T_1)r(T_1)}{V_M}\right)^2} \tag{6-33}$$

将式(6-32)与式(6-33)代入式(6-31),有

$$r(T_1) \approx r(0) - V_M \frac{T_c}{2n}\left(\cos(\lambda(0) - \gamma_M(0)) + \sqrt{1 - \left(\frac{x_2(T_1)r(T_1)}{V_M}\right)^2}\right)$$

$$(6-34)$$

式(6-34)可进一步写成

$$ar^2(T_1) + br(T_1) + c = 0 \qquad (6-35)$$

其中,

$$a = \frac{4n^2}{V_M^2 T_c^2} + \frac{x_2^2(T_1)}{V_M^2}$$

$$b = -\frac{8n^2 r(0)}{V_M^2 T_c^2} + \frac{4n\cos(\lambda(0) - \gamma_M(0))}{V_M T_c}$$

$$c = \frac{4n^2 r^2(0)}{V_M^2 T_c^2} - \sin^2(\lambda(0) - \gamma_M(0)) - \frac{4nr(0)\cos(\lambda(0) - \gamma_M(0))}{V_M T_c}$$

解一元二次方程(6-35)可得 $r(T_1)$,并将其代入式(6-33),可得 $\cos(\lambda(T_1) - \gamma_M(T_1))$。

同理,经过第 2 步的计算,可得 $r(T_2)$ 和 $\cos(\lambda(T_2) - \gamma_M(T_2))$。
⋮

以此类推,经过第 $i-1$ 步的计算,可得 $r(T_{i-1})$ 和 $\cos(\lambda(T_{i-1}) - \gamma_M(T_{i-1}))$。

第 i 步:对式(6-28)从 T_{i-1} 到 T_i 积分,有

$$r(T_i) = r(T_{i-1}) - V_M \int_{T_{i-1}}^{T_i} \cos(\lambda - \gamma_M)\mathrm{d}t \qquad (6-36)$$

由图6-4和梯形近似,有

$$\int_{T_{i-1}}^{T_i} \cos(\lambda - \gamma_M)\mathrm{d}t \approx \frac{T_c}{2n}\big(\cos(\lambda(T_{i-1}) - \gamma_M(T_{i-1})) +$$

$$\cos(\lambda(T_i) - \gamma_M(T_i))\big) \qquad (6-37)$$

由推理6-4可知 $\cos(\lambda(T_i) - \gamma_M(T_i)) = \sqrt{1 - \sin^2(\lambda(T_i) - \gamma_M(T_i))}$,联立 $\sin(\lambda(T_i) - \gamma_M(T_i)) = \dfrac{x_2(T_i)r(T_i)}{V_M}$,有

$$\cos(\lambda(T_i) - \gamma_M(T_i)) = \sqrt{1 - \left(\frac{x_2(T_i)r(T_i)}{V_M}\right)^2} \qquad (6-38)$$

将式(6-38)和式(6-37)代入式(6-36),有

$$r(T_i) \approx r(T_{i-1}) - V_M \frac{T_c}{2n} \Big(\cos(\lambda(T_{i-1}) - \gamma_M(T_{i-1})) +$$

$$\sqrt{1 - \left(\frac{x_2(T_i)r(T_i)}{V_M} \right)^2} \Big)$$

此式可进一步写成 $ar^2(T_i) + br(T_i) + c = 0$，其中，

$$a = \frac{4n^2}{V_M^2 T_c^2} + \frac{x_2^2(T_i)}{V_M^2}$$

$$b = -\frac{8n^2 r(T_{i-1})}{V_M^2 T_c^2} + \frac{4n \cos(\lambda(T_{i-1}) - \gamma_M(T_{i-1}))}{V_M T_c}$$

$$c = \frac{4n^2 r^2(T_{i-1})}{V_M^2 T_c^2} - \sin^2(\lambda(T_{i-1}) - \gamma_M(T_{i-1})) -$$

$$\frac{4nr(T_{i-1})\cos(\lambda(T_{i-1}) - \gamma_M(T_{i-1}))}{V_M T_c}。$$

解上面的一元二次方程可得 $r(T_i)$，并将其代入式(6-38)，可得 $\cos(\lambda(T_i) - \gamma_M(T_i))$。

推理 6-6：式(6-30)中的 $\hat{T}_f$ 满足 $T_{f,\min} \leqslant \hat{T}_f \leqslant T_{f,\max}$，其中 $T_{f,\min}$ 和 $T_{f,\max}$ 来自推理 6-5。

证明 6-7：证明推理 6-6。

由 $\cos(\lambda(T_i) - \gamma_M(T_i)) \leqslant 1$ 可得

$$\sum_{i=1}^{n} (\cos(\lambda(T_{i-1}) - \gamma_M(T_{i-1})) + \cos(\lambda(T_i) - \gamma_M(T_i))) \leqslant 2n$$

$$(6-39)$$

将式(6-39)代入式(6-30)，有

$$\hat{T}_f \geqslant T_c + \frac{r(0)}{V_M} - \frac{1}{2} \frac{T_c}{n} 2n = T_{f,\min}$$

由推理 6-4 知

$$\sum_{i=1}^{n} (\cos(\lambda(T_{i-1}) - \gamma_M(T_{i-1})) + \cos(\lambda(T_i) - \gamma_M(T_i))) \geqslant$$

$$2n \cos(\lambda(0) - \gamma_M(0))$$

$$(6-40)$$

将式(6-40)代入式(6-30)，有

$$\hat{T}_f \leqslant T_c + \frac{r(0)}{V_M} - \frac{1}{2}\frac{T_c}{n}2n\cos(\lambda(0)-\gamma_M(0)) = T_{f,\max}$$

因此　　　　　　　　　　$$T_{f,\min} \leqslant \hat{T}_f \leqslant T_{f,\max}$$

6.4　仿　真

式(6-1)、式(6-2)中的导弹的气动力系数为[20]

$$
\begin{cases}
c_x(\alpha) = c_{x0} + c_{x1}\alpha \\
c_{z1}(\alpha) = c_{z13}\alpha^3 + c_{z12}\alpha^2 + c_{z11}\alpha + c_{z10} \\
c_{z2}(\alpha) = c_{z23}\alpha^3 + c_{z22}\alpha^2 + c_{z21}\alpha + c_{z20} \\
c_{m1}(\alpha) = c_{m13}\alpha^3 + c_{m12}\alpha^2 + c_{m11}\alpha + c_{m10} \\
c_{m2}(\alpha) = c_{m23}\alpha^3 + c_{m22}\alpha^2 + c_{m21}\alpha + c_{m20}
\end{cases}
$$

其中,气动导数见表6-1。

表6-1　气动导数

气动导数	数　值	气动导数	数　值
c_{z10}	0.042 9	c_{m11}	$-2.741\ 9$
c_{z11}	$-0.505\ 2$	c_{m12}	0.213 1
c_{z12}	0.012 5	c_{m13}	$-0.005\ 5$
c_{z13}	$-0.001\ 5$	c_{m20}	$-0.404\ 1$
c_{z20}	0.019 1	c_{m21}	0.871 5
c_{z21}	0.123 0	c_{m22}	$-0.062\ 3$
c_{z22}	0.013 8	c_{m23}	0.001 4
c_{z23}	0.000 6	c_{x0}	-0.57
c_{m10}	$-0.038\ 1$	c_{x1}	0.008 3

在仿真中使用的导弹其他参数为

质量:$m = 144\ \text{kg}$;

俯仰轴转动惯量:$I_{yy} = 136\ \text{kg} \cdot \text{m}^2$;

几何常数:$k_F = 0.014\ 3\ \text{m}^2, k_M = 0.002\ 7\ \text{m}^3$;

大气密度：$\rho = 0.264 \text{ kg/m}^3$；

俯仰舵最大偏转量：$\delta_e^{\max} = 0.5 \text{ rad}$。

注释 6 - 1 中的 r^0 选作 $r^0 \in [0 \text{ m}, 0.2 \text{ m}]$。控制器中的 p_j, q_j 选作 $p_j = 5, q_j = 3, j = 1, 2, 3$。

6.4.1 饱和攻击仿真

仿真中，假设目标静止在 $(3\,000 \text{ m}, 0 \text{ m})$，参战的三枚导弹信息如下。

导弹 1：初始位置 $(1\,500 \text{ m}, 1\,500 \text{ m})$，初始距离 $r(0) = 2\,121.3 \text{ m}$，初始视线角 $\lambda(0) = 0.785\,4 \text{ rad}$，速度 $V_M = 500 \text{ m/s}$；

导弹 2：初始位置 $(0 \text{ m}, 2\,000 \text{ m})$，初始距离 $r(0) = 3\,605.6 \text{ m}$，初始视线角 $\lambda(0) = 0.588 \text{ rad}$，速度 $V_M = 800 \text{ m/s}$；

导弹 3：初始位置 $(1\,000 \text{ m}, 4\,000 \text{ m})$，初始距离 $r(0) = 4\,472.1 \text{ m}$，初始视线角 $\lambda(0) = 1.107\,1 \text{ rad}$，速度 $V_M = 1\,000 \text{ m/s}$。

令 $T_{f,\min}^1, T_{f,\min}^2$ 和 $T_{f,\min}^3$ 分别为三枚导弹的最少攻击时间，由推理 6 - 5 可得，$T_{f,\min}^1 = 4.242\,6 \text{ s}$，$T_{f,\min}^2 = 4.507 \text{ s}$ 和 $T_{f,\min}^3 = 4.472 \text{ s}$，因此期望攻击时间应选取为 $T_f^* > \max\{T_{f,\min}^1, T_{f,\min}^2, T_{f,\min}^3\} = 4.507 \text{ s}$，本次仿真中，期望拦截时间选取为 $T_f^* = 4.572 \text{ s}$。恰当地选取 $T_c, \lambda^*, \gamma_M(0), \beta_1, \beta_2, \beta_3, k(k_0)$，具体数值见表 6 - 2，使参战导弹的攻击时间估计 $\hat{T}_f$ 等于 T_f^*。仿真结果包括真实攻击时间 T_f，攻击时间后计 T_f'，弹目相对距离在攻击时刻的值 $r(T_f)$，见表 6 - 3，状态 $x_i (i = 1, 2, 3)$ 曲线和导弹的运动轨迹见图 6 - 5，内环指令 q_c 和外环指令 δ_e 的变化曲线见图 6 - 6。由表 6 - 3、图 6 - 5 和图 6 - 6 可以看出，三枚导弹攻击时间的估计 $\hat{T}_f \approx T_f^*$，实际攻击时间 $T_f \approx T_f^*$，$r(T_f) \in (0, 0.2)$，因此实现了协同攻击。

表 6 - 2 设计参数

导 弹	参 数							
	λ^*	$\gamma_M(0)$	T_c	β_1	β_2	β_3	k	k_0
导弹 1	0.608 8	2.35	3.5	1.6	1	50	4.1	4.1
导弹 2	0.5	1.2	3	5	1	50	4.1	4.1
导弹 3	1.23	0.45	4	2.2	1	50	4.1	4.1

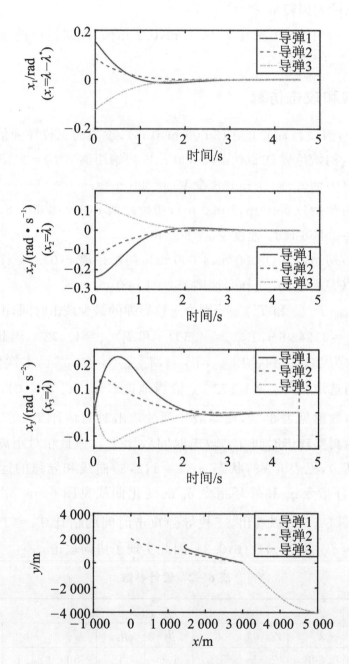

图 6 - 5　状态 $x_i(i=1,2,3)$ 和三枚导弹的运动轨迹

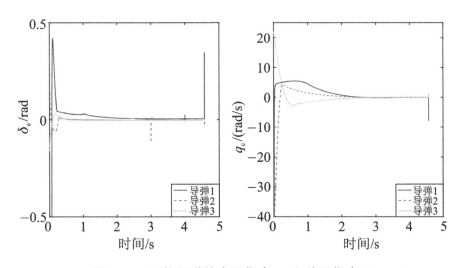

图 6 - 6　三枚导弹的内环指令 q_c 和外环指令 $\boldsymbol{\delta}_e$

表 6 - 3　仿真结果

导　弹	结　果		
	$\hat{T}_f$	T_f	$r(T_f)$
导弹 1	4. 570 1	4. 57	0. 088 63
导弹 2	4. 571 7	4. 572	0. 052 51
导弹 3	4. 565 5	4. 572	0. 149 4

6. 4. 2　蒙特卡洛仿真

本小节进行蒙特卡洛仿真研究,该研究包含 100 次仿真。仿真中的气动导数在表 6 - 1 所列标称值的基础上浮动±50%,且考虑执行器动态 $\dfrac{\delta_{ec}}{\delta_e} = \dfrac{1}{0.001\ \text{s} + 1}$ [28]。攻角和侧滑角的测量中含有均值为 0、方差为 0.017 5 rad 的高斯噪声。仿真的初始条件和设计参数保持不变。100 次仿真的终端距离 $r(T_f)$、终端视线角 $\lambda(T_f)$ 和攻击时间 T_f 见图 6 - 7。由图 6 - 7 可以看出,$r(T_f) \in [0\ \text{m},\ 0.7\ \text{m}]$,$\lambda(T_f) \in [0.500\ 1\ \text{rad},\ 0.500\ 3\ \text{rad}]$。因此所提方法对气动不确定性、传感器噪声和执行器动态都有好的鲁棒性。

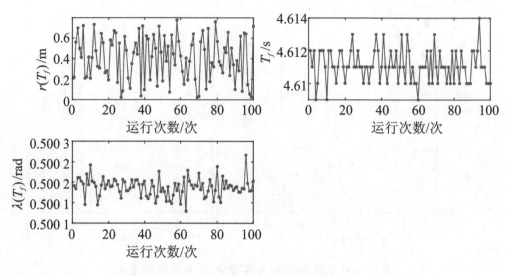

图 6 - 7　100 次仿真的 $r(T_f)$, $\lambda(T_f)$ 和 T_f

6.5　本章小结

　　本章在部分制导与控制一体化框架下设计了开环控制器,该控制器能够使导弹在指定时间内以指定角度击中目标。为了方便剩余飞行时间的估计,所设计的控制器可将导弹的飞行轨迹分成两段。在第一段,视线角将在指定时间内收敛到期望值;在第二段,视线角一直保持期望值,因此导弹在第二段即沿直线飞行。本章不仅给出了剩余飞行时间估计的表达式,而且给出了剩余飞行时间的上下界,方便共同影响时间的确定。通过调节剩余飞行时间估计表达式中的参数,即可以指定的共同影响时间击中目标。

参考文献

[1] OZA H, PADHI R. A nonlinear suboptimal guidance law with 3D impact angle constraints for ground targets: Proceedings of AIAA Guidance Navigation and Control Conference, August 2-5, 2010[C]. Toronto, Ontario Canada: AIAA, 2012.

[2] ZHAO Y, SHENG Y, LIU X. Analytical impact time and angle guidance via time-varying sliding modetechnique[J]. ISA transactions, 2016, 62: 164-176.

[3] KIM M, GRIDER K V. Terminal guidance for impact attitude angle constrained flight trajectories[J]. IEEE Transactions on Aerospace and Electronic Systems, 1973, 6: 852-859.

[4] YUN J, RYOO C K. Integrated guidance and control law with impact angle constraint: Proceedings of the 11th International Conference on Control, Automation and Systems, October 26-29, 2011[C]. Toronto, Ontario, Canada: IEEE, 2011.

[5] KUMAR S R, RAO S, GHOSE D. Non-singular terminal sliding mode guidance and control with terminal angle constraints for non-maneuvering targets: Proceedings of the 12th IEEE International Workshop on Variable Structure Systems, January 12-14, 2012[C]. Mumbai, India: IEEE, 2012.

[6] SHIN H S, HWANG T W, TSOURDOS A, et al. Integrated intercept missile guidance and control with terminal angle constraint: Proceedings of the 26th International Congress of the Aeronautical Sciences, September 8, 2008[C]. Anchorage, Alaska USA: IEEE, 2008.

[7] JEON I S, LEE J I, TAHK M J. Impact-time-control guidance law for anti-ship missiles[J]. IEEE Transactions on Control Systems Technology, 2006, 14(2): 260-266.

[8] RYOO C K, CHO H, TAHK M J. Time-to-go weighted optimal guidance with impact angle constraints[J]. IEEE Transactions on Control Systems Technology, 2006, 14(3): 483-492.

[9] LEE J I, JEON I S, TAHK M J. Guidance law to control impact time and angle[J]. IEEE Transactions on Aerospace and Electronic Systems, 2007, 43(1): 301-310.

[10] ARITA S, UENO S. Optimal feedback guidance for nonlinear missile model with impact time and angle constraints: Proceedings of AIAA Guidance, Navigation, and Control Conference, August 19-22, 2013 [C]. Boston, USA: AIAA, 2013.

[11] KUMAR S R, GHOSE D. Sliding mode control based guidance law with impact time constraints: Proceedings of American Control Conference,

June 17-19，2013[C]. Washington，USA：IEEE，2013.

[12] CHO D，KIM H J，TAHK M J. Nonsingular sliding mode guidance for impact timecontrol[J]. Journal of Guidance，Control，and Dynamics，2015，39(1)：61-68.

[13] SALEEM A，RATNOO A. Lyapunov-based guidance law for impact time control and simultaneous arrival[J]. Journal of Guidance，Control，and Dynamics，2015，39(1)：164-173.

[14] KUMAR S R，GHOSE D. Impact time guidance for large heading errors using sliding mode control[J]. IEEE Transactions on Aerospace and Electronic Systems，2015，51(4)：3123-3138.

[15] CHO N，KIM Y. Modifiedpure proportional navigation guidance law for impact time control[J]. Journal of Guidance，Control，and Dynamics，2016，39(4)：852-872.

[16] HARL N，BALAKRISHNAN S N. Impact time and angle guidance with sliding mode control[J]. IEEE Transactions on Control Systems Technology，2012，20(6)：1436-1449.

[17] KUMAR S R，GHOSE D. Impact time and angle control guidance：Proceedings of AIAA Guidance，Navigation，and Control Conference，January 5-9，2015[C]. Kissimmee，Florida，USA：AIAA，2015.

[18] WANG X，ZHENG Y，LIN H. Integrated guidance and control law for cooperative attack of multiple missiles[J]. Aerospace Science and Technology，2015，42：1-11.

[19] SHTESSEL Y B，SHKOLNIKOV I A，LEVANT A. Guidance and control of missile interceptor using second-order sliding modes[J]. IEEE Transactions on Aerospace and Electronic Systems，2009，45(1)：110-124.

[20] HUANG J，LIN C F. Application ofsliding mode control to bank-to-turn missile systems：Proceedings of the First IEEE Regional Conference on Aerospace Control Systems，May 25-27，1993[C]. Westlake Village，USA：IEEE，2002.

[21] DAS P G，CHAWLA C，PADHI R. Robust partial integrated guidance and control of interceptors in terminal phase：Proceedings of AIAA Guidance，Navigation，and Control Conference，August 10-13，2009

[C]. Chicago, USA: AIAA, 2012.

[22] SHTESSEL Y B, TOURNES C H. Integrated higher-order sliding mode guidance and autopilot for dual-control missiles[J]. Journal of Guidance, Control, and Dynamics, 2009, 32(1): 79-94.

[23] LIAO F, JI H, XIE Y. A novel three-dimensional guidance law implementation using only line-of-sight azimuths[J]. International Journal of Robust and Nonlinear Control, 2015, 25(18): 3679-3697.

[24] KEVIN A W, DAVID J B. Agile missile dynamics and control[J]. Journal of Guidance, Control, and dynamics, 1998, 21(3): 441-449.

[25] YAMASAKI T, BALAKRISHNAN S N, TAKANO H, et al. Sliding mode-based intercept guidance with uncertainty and disturbance compensation[J]. Journal of the Franklin Institute, 2015, 352(11): 5145-5172.

[26] RUGH J W. Linear system theory[M]. 2nd ed. Upper Saddle River, Prentice Hall, 1995.

[27] SASTRY S S. Nonlinear systems: analysis, stability, and control[M]. Springer Science & Business Media, 2013.

[28] SEO M G, TAHK M J. Observability analysis and enhancement of radome aberration estimation with line-of-sight angle-only measurement [J]. IEEE Transactions on Aerospace and Electronic Systems, 2015, 51 (4): 3321-3331.

[29] WANG X, TAN C P, ZHOU D. Autopilot and guidance law design considering impact angle and time[J]. IET Control Theory and Applications, 2018, 12: 221-232.

第7章 分布式协同制导与控制一体化设计

7.1 引 言

闭环协同制导根据通信拓扑可分成两类:集中式协同制导[1]~[3]和分布式协同制导[4]~[10]。对于集中式协同制导,会存在一个集中式协调单元,即所有导弹将协调所必需的状态信息传送给集中式协调单元。该单元直接计算出期望的协调变量值,然后将其广播至所有导弹。由于集中式协调单元的失效将导致整个系统的协调控制失败,所以存在系统的可靠性、抗毁性和鲁棒性差的问题。

另一方面,对于分布式协同制导,导弹集群中的导弹仅能与若干枚与其相邻导弹进行信息的交流,它们互相协调,同时击中目标。因此分布式协同制导的通信拓扑较为简单,相比集中式协同制导,鲁棒性增强。目前已经涌现了一批分布式协同制导的成果。比如,文献[4][10]针对固地静止目标设计了分布式协同制导律,文献[5]考虑了做匀速直线运动的目标,文献[6][7][8][3][9]对机动目标设计了协同制导律。注意,这些工作没有考虑影响角限制,且只进行了制导回路的设计,没有涉及控制回路。

本章将针对多导弹饱和攻击静止目标情形,在部分制导与控制一体化框架下,设计分布式协同制导控制律,实现多枚导弹以指定角度同时击中目标。设计思路为:首先对每枚参战导弹进行独立设计,改变导弹的飞行方向,使得每枚参战导弹在指定时间之后,将沿着指定视线做直线飞行;紧接着进行协同设计,改变导弹的飞行速度,使得所有参战导弹同时击中目标。本章的最后用仿真验证了所设计方案的有效性。

7.2　问题描述

考虑 n 枚导弹协同攻击一个静止目标,假设所有参战导弹和目标只在垂直平面内运动。令第 i 枚导弹的实际视线角、期望视线角和攻击时间分别为 λ_i,λ_i^* 和 $T_{f,i}$,设计目标为

① $T_{f,i}=T_{f,j}$ 即所有参战导弹同时击中目标;

② $\lambda_i(T_{f,i})=\lambda_i^*$ 即参战导弹以期望的视线角击中目标。

7.2.1　模型描述

本小节呈现导弹的动力学模型,导弹目标间的相对运动模型,以及导弹间的通信协议。

1. 导弹模型

忽略重力和纵向通道与横侧通道间的耦合,考虑如下的导弹纵向通道模型[11][12]

$$\begin{cases} \dot{\theta}=q \\ \dot{\gamma}_M=\dfrac{a_n}{V_M} \\ \alpha=\theta-\gamma_M \\ \dot{V}_M=a_t \\ \dot{a}_n=\dfrac{-a_n+V_Mq}{T_a} \end{cases} \tag{7-1}$$

$$\dot{q}=\frac{M}{I_{yy}} \tag{7-2}$$

式(7-1)中,α、V_M、q、θ、a_n、a_t 和 γ_M 分别为导弹的攻角、速度、俯仰速率、俯仰角、垂直加速度、切向加速度和航迹角;T_a 是转弯时间常数[11]。式(7-2)中,I_{yy} 是转动惯量;M 是气动力矩,表达式为 $M=k_M\rho V_M^2 c_m$ (α,M_m,δ_e),其中 k_M 是导弹几何常数,ρ 是大气密度,$c_m(\alpha,M_m,\delta_e)=$ $c_{m0}(\alpha,M_m)+c_m^{\delta_e}\delta_e$ 是气动系数,$c_{m0}(\alpha,M_m)=c_{m1}(\alpha)+c_{m2}(\alpha)M_m$,$c_{m1}(\alpha)$ 和 $c_{m2}(\alpha)$ 是攻角 α 的函数,M_m 是马赫数,δ_e 是纵向舵面偏转,也是控制输

入，$c_m^{\delta_e}$ 是俯仰力矩 M 对 δ_e 偏导数[13]。

式（7-1）和式（7-2）分别是导弹的慢运动动态和快运动动态。导弹的快慢运动动态的时间常数不同，这是因为慢运动动态由气动力改变，快运动动态由气动力矩改变。舵面偏转产生的气动力较小，但由于作用力臂大，能产生很大的气动力矩。

2. 相对运动模型

第 i 枚导弹与目标的相对运动几何图如图 7-1 所示。其中，M 和 T 分别代表第 i 枚导弹和目标；V_M 和 γ_M 是导弹的速度和航迹角；a_t、a_n 是导弹的切向和垂直加速度，分别改变导弹速度大小和方向。假设目标是静止的。导弹与目标的连线是视线，视线与参考线的夹角为视线角 λ，导弹与目标之间的相对距离为 r，也称为剩余飞行距离。由图 7-1 可知

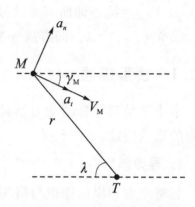

图 7-1　平面运动几何图

$$V_r = \dot{r} = -V_M \cos(\lambda - \gamma_M) \qquad (7-3)$$

$$V_\lambda = r\dot{\lambda} = V_M \sin(\lambda - \gamma_M) \qquad (7-4)$$

其中，V_r 和 V_λ 分别是导弹目标的相对飞行速度沿视线和垂直视线的分量。对式（7-3）和式（7-4）微分一次，可得

$$\dot{r} = V_r$$

$$\dot{\lambda} = \frac{V_\lambda}{r}$$

$$\dot{V}_r = \frac{V_\lambda^2}{r} - \cos(\lambda - \gamma_M) a_t - \sin(\lambda - \gamma_M) a_n \qquad (7-5)$$

$$\dot{V}_\lambda = -\frac{V_\lambda V_r}{r} - \cos(\lambda - \gamma_M) a_n + \sin(\lambda - \gamma_M) a_t$$

注释 7-1：由于导弹和目标都具有一定的尺寸[11][13]，因此当导弹目标间的相对距离满足 $r \in [r_{\min}, r_{\max}]$ 时，则可认为打击成功[14]。因此，在导弹的整个飞行过程中，$r^0 \leqslant r(t) \leqslant r(0)$，$r^0 \in [r_{\min}, r_{\max}]$[14]，其中 $r(0)$ 指导

弹目标初始相对距离。

假设 7 - 1：假设初始条件满足 $0 < |\lambda(0) - \gamma_M(0)| < \dfrac{\pi}{2}$。

注释 7 - 2：假设 $\lambda = \lambda^*$ 且 $\dot{\lambda} = 0$，则由式（7 - 5）的第二个方程可知，$V_\lambda = 0$；再利用式（7 - 4）可得，$\sin(\lambda - \gamma_M) = 0$。利用假设 7 - 1 可得 $\cos(\lambda - \gamma_M) = 1^{[17]}$，代入式（7 - 3）有

$$\dot{r} = V_r = -V_M \tag{7 - 6}$$

即当 $\dot{\lambda} = 0$，导弹将沿视线飞向目标，因此 $\dot{\lambda} = 0$ 可以保证击中目标。

3. 通信协议

参战导弹间的通信拓扑由图 $\mathcal{G}$ 表示，连接矩阵 $\mathcal{A} = [a_{ij}] \in \mathbb{R}^{n \times n}$，$a_{ii} = 0$，如果第 i 枚导弹与第 j 枚导弹间有通信，则 $a_{ij} = 1$，否则 $a_{ij} = 0$。拉普拉斯矩阵 $\mathcal{L} = [l_{ij}] \in \mathbb{R}^{n \times n}$，$l_{ii} = \sum\limits_{j=1}^{n} a_{ij}$，当 $i \neq j$ 时，$l_{ij} = -a_{ij}$。

本章假设通信拓扑图 $\mathcal{G}$ 满足如下假设：

假设 7 - 2：图 $\mathcal{G}$ 为无向图，即如果第 i 枚导弹能得到第 j 枚导弹的运动信息，那么反之亦然。

假设 7 - 3：图 $\mathcal{G}$ 是连通的，即所有参战导弹间存在一个通信路径。

假设 7 - 2 和假设 7 - 3 对于协同导弹群的飞行是有必要的。

引入两个引理：

引理 7 - 1[15]**：**在假设 7 - 2 和假设 7 - 3 下，0 是拉普拉斯矩阵 $\mathcal{L}$ 的单特征根，对应的特征向量为 $\mathbf{1}$，即 $\mathcal{L}\mathbf{1} = \mathbf{0}$；拉普拉斯矩阵 $\mathcal{L}$ 的所有非零特征根都是正的。

引理 7 - 2[16]**：**对于任意 $x \in \mathbb{R}^n$，若满足 $\mathbf{1}^\mathrm{T} x = 0$，则有 $x^\mathrm{T} \mathcal{L} x \geqslant \lambda_2 x^\mathrm{T} x$，其中 λ_2 是拉普拉斯矩阵 $\mathcal{L}$ 的最小非零特征根。

7.2.2　攻击策略

所提出的方案包括两部分：单独设计和协同设计。单独设计指对每枚参战导弹独立进行设计，不考虑导弹间的通信协议，使得当 $t \geqslant T_c$ 时，$\lambda = \lambda^*$ 且 $\dot{\lambda} = 0$，其中 T_c 是用户自行设定的，即在指定时间 T_c 之后，每枚参战

导弹都将沿期望的视线做直线飞行。协同设计的目标是实现攻击时间的协同。定义协同变量

$$\hat{\tau}_i = \frac{r_i}{V_{M,i}} \tag{7-7}$$

其中,r_i 和 $V_{M,i}$ 分别代表第 i 枚导弹的剩余飞行距离和飞行速度。定义协同误差

$$\xi_i = \sum_{j=1}^{n} a_{ij}(\hat{\tau}_j - \hat{\tau}_i), i = 1, \cdots, n \tag{7-8}$$

代表第 i 枚导弹与相邻导弹间的协同变量之差。协同部分即设计每枚导弹的切向加速度 $a_{t,i}$,使得当 $t \geqslant T_s$ 时,$\xi_i = 0(i = 1, \cdots, n)$,其中 $T_s > T_c > 0$ 也是用户自行设定的。在此攻击策略的作用下,系统动态变化见图 7-2。

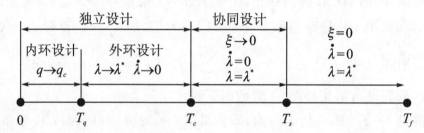

图 7-2　系统动态流程图

7.3　主要结果

本节包括两部分内容:第一部分对每枚参战导弹进行单独设计,使得存在一个有限时间 T_c,当 $t \geqslant T_c$ 时,所有导弹满足 $\dot{\lambda} = 0$ 且 $\lambda = \lambda^*$;第二部分对所有参战导弹进行协同设计,使得攻击时间协同。综合这两部分的设计,就能实现所有参战导弹以期望的打击角同时击中目标。

7.3.1　单独设计

这里采用部分制导与控制一体化框架(见图 7-3),该框架包含两个环:外环和内环。外环将导弹的俯仰速率作为中间设计变量,综合考虑导弹目标的相对运动模型和导弹的慢动态,保证拦截策略 $\dot{\lambda} = 0$ 且 $\lambda = \lambda^*$ 的

实现。内环将导弹的升降舵偏转作为设计变量,考虑导弹的快动态,使得导弹的实际俯仰速率跟踪上外环产生的俯仰速率指令。

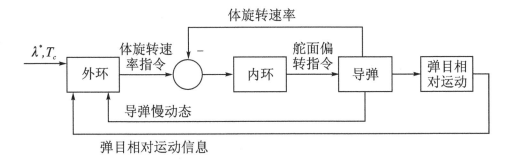

图 7 - 3　部分制导与控制一体化框架

1. 外环设计

定义 $x_1 = \lambda - \lambda^*$, $x_2 = \dot{\lambda}$, $x_3 = \ddot{\lambda}$, $\boldsymbol{x} = \begin{bmatrix} x_1 & x_2 & x_3 \end{bmatrix}^T$,并对 x_1, x_2, x_3 进行一次微分有 $\dot{x}_1 = x_2, \dot{x}_2 = x_3, \dot{x}_3 = f_0 + b_0 q$,其中,

$$b_0 = -\frac{\cos(\lambda - \gamma_M) V_M}{r T_a}$$

$$f_0 = -2x_2^3 + \frac{3}{r}(\cos(\lambda - \gamma_M) a_t + \sin(\lambda - \gamma_M) a_n) x_2 - \frac{3V_r}{r} x_3 -$$

$$\frac{a_n}{r V_M}(\cos(\lambda - \gamma_M) a_t + \sin(\lambda - \gamma_M) a_n) +$$

$$\frac{\sin(\lambda - \gamma_M) \dot{a}_t}{r} + \frac{\cos(\lambda - \gamma_M) a_n}{r T_a}$$

外环目标为设计俯仰速率 q(并将所设计的指令表示为 q_c,以区分实际俯仰速率与俯仰速率指令),使得当 $t \geq T_c$ 时,$x_i(t) = 0, i = 1, \cdots, 3$。

下面先引进一个推理。

推理 7 - 1:考虑一个三阶积分器链系统 $\dot{x}_1 = x_2, \dot{x}_2 = x_3, \dot{x}_3 = x_4$,构建变量 $\sigma_2 = x_4 + \frac{k_1}{t_{go}} x_3 + \frac{k_2}{t_{go}^2} x_2 + \frac{k_3}{t_{go}^3} x_1$,其中,$t_{go} = T - t$,$T$ 是用户设定的收敛时间。参数的选取满足 $k_1 = 3k_0$;$k_2 = 3k_0^2 + 3k_0$;$k_3 = k_0(k_0+1)(k_0+2)$;$k_0 > 4$ 为常数。若 $\sigma_2 \equiv 0$,则当 $t \to T$ 时,$x_i(t) \to 0, i = 1, \cdots, 4$。

证明 7 - 1：证明推理 7 - 1。

若 $\sigma_2 \equiv 0$，则解方程有[17]

$$x_1 = c_2 t_{go}^{k_0+2} + c_1 t_{go}^{k_0+1} + c_0 t_{go}^{k_0}$$

$$x_2 = -c_2(k_0+2) t_{go}^{k_0+1} - c_1(k_0+1) t_{go}^{k_0} - c_0 k_0 t_{go}^{k_0-1}$$

$$x_3 = c_2(k_0+2)(k_0+1) t_{go}^{k_0} + c_1(k_0+1) k_0 t_{go}^{k_0-1} + c_0 k_0(k_0-1) t_{go}^{k_0-2}$$

$$x_4 = -c_2(k_0+2)(k_0+1) k_0 t_{go}^{k_0-1} - c_1(k_0+1) k_0(k_0-1) t_{go}^{k_0-2} - c_0 k_0(k_0-1)(k_0-2) t_{go}^{k_0-3}$$

其中，$c_0 = \dfrac{(k_0+2)(k_0+1)x_{10} + (2k_0+2)x_{20}T + T^2 x_{30}}{2T^{k_0}}$

$$c_1 = -\frac{(k_0+2)k_0 x_{10} + (2k_0+1)x_{20}T + T^2 x_{30}}{T^{k_0+1}}$$

$$c_2 = -\frac{(k_0+1)k_0 x_{10} + 2k_0 x_{20}T + T^2 x_{30}}{2T^{k_0+2}}$$

x_{10}, x_{20}, x_{30} 是状态 x_1, x_2, x_3 的初始值。很显然，当 $t \to T$ 时，$x_i(t) \to 0$，$i = 1, \cdots, 4$。

外环控制器设计为

$$q_c = \frac{1}{b_0}(-f_0 + \bar{q}_c), \quad \dot{\bar{q}}_c = -g(\boldsymbol{x}, t) - \beta_1 |\sigma|^{\frac{q_1}{p_1}} \text{sgn}(\sigma) \quad (7-9)$$

其中，

$$g(\boldsymbol{x}, t) = \begin{cases} k_1 \dfrac{x_4}{t_{go,1}} + (k_1+k_2)\dfrac{x_3}{t_{go,1}^2} + (2k_2+k_3)\dfrac{x_2}{t_{go,1}^3} + 3k_3 \dfrac{x_1}{t_{go,1}^4}, & t \in [0, T_c) \\ 0, & t \geq T_c \end{cases}$$

$$\sigma = \begin{cases} \sigma_2, & t \in [0, T_c) \\ x_4, & t \geq T_c \end{cases}$$

$x_4 = \bar{q}_c$，$t_{go,1} = T_c - t$，T_c 是用户自定的收敛时间，$\beta_1 > 0$，$q_1 < p_1$，p_1, q_1 是正整数。

定理 7 - 1：若 $q = q_c$，则当 $t \geq T_c$ 时，$x_i(t) = 0$，$i = 1, \cdots, 4$。

证明 7 - 2：证明定理 7 - 1。

当 $t \in [0, T_c)$ 时，$\sigma = \sigma_2$ 其导数为

$$\dot{\sigma} = \dot{\bar{q}}_c + g(\boldsymbol{x}, t) = -\beta_1 |\sigma|^{\frac{q_1}{p_1}} \text{sgn}(\sigma) \quad (7-10)$$

定义 $V_\sigma = \dfrac{1}{2}\sigma^2$ 并进行一次微分有

$$\dot{V}_\sigma = \sigma\dot{\sigma} = -\beta_1 |\sigma|^{\frac{q_1}{p_1}+1} = -\beta_1 (2V_\sigma)^{\frac{p_1+q_1}{2p_1}}$$

由第 1 章的引理 1 - 1 知，当 $t \geqslant T_\sigma$ 时，$\sigma(t) = 0$，其中

$$T_\sigma = T_q + \frac{\left| \sigma(T_q) \right|^{1-\frac{q_1}{p_1}}}{\left(1 - \dfrac{q_1}{p_1}\right)\beta_1}$$

T_q 将在后面内容给出。由推理 7 - 1 知，当 $t \to T_c (>T_\sigma)$ 时，$x_i(t) \to 0$，$i = 1,\cdots,4$。

当 $t \geqslant T_c$ 时，将 $\sigma = x_4$ 进行一次微分并代入式(7 - 9)和式(7 - 10)依然成立。因为 $x_i(T_c) = 0$，$i = 1,\cdots,4$，所以当 $t \geqslant T_c$ 时，$x_i(t) = 0$，$i = 1,\cdots,4$。

2. 内环设计

定义 $e_q = q_c - q$ 并进行一次微分，可得内环模型

$$\dot{e}_q = f_1 + b_1 \delta_e$$

其中，$f_1 = -\dfrac{k_M \rho V_M^2}{I_{yy}} c_{m0}(\alpha, M_m) + \dot{q}_c$，$b_1 = -\dfrac{k_M \rho V_M^2 c_m^{\delta_e}}{I_{yy}}$。

内环的目标是设计 δ_e 使得 $q = q_c$。

定理 7 - 2： 当 δ_e 设计成 $\delta_e = \dfrac{1}{b_1}(-f_1 - \beta_2 |e_q|^{\frac{q_2}{p_2}} \mathrm{sgn}(e_q))$，其中，$\beta_2 > 0$，

$q_2 < p_2$，p_2 和 q_2 是正整数，当 $t \to T_q$ 时，$e_q \to 0$，其中 $T_q = \dfrac{\left| e_q(0) \right|^{1-\frac{q_2}{p_2}}}{\left(1 - \dfrac{q_2}{p_2}\right)\beta_2}$。

7.3.2　协同设计

在协同设计部分，设计切向加速度 $a_{t,i}$ 使得式(7 - 8)定义的协同误差 ξ_i 收敛到零。

定理 7 - 3： 如果切向加速度 $a_{t,i}$ 设计成

$$a_{t,i} = \begin{cases} -\dfrac{V_{\mathrm{M},i}^2}{r_i} k_\xi \dfrac{\xi_i}{t_{\mathrm{go},2}}, & 0 \leqslant t < T_s \\[3mm] 0, & t \geqslant T_s \end{cases} \qquad (7-11)$$

其中，$k_\xi > 0$，$t_{\mathrm{go},2} = T_s - t$，$T_s > T_c$ 是用户设定的另一个收敛时间，则所有导弹同时击中目标。

为了证明定理 7-3，引入如下四个引理

引理 7-3[17]：假设 $a_1, a_2, \cdots, a_n$ 和 $0 < p < 2$ 都为正数，则 $(a_1^2 + a_2^2 + \cdots + a_n^2)^p \leqslant (a_1^p + a_2^p + \cdots + a_n^p)^2$，即 $a_1^p + a_2^p + \cdots + a_n^p \geqslant (a_1^2 + a_2^2 + \cdots + a_n^2)^{\frac{p}{2}}$。

引理 7-14[17]：定义 $\boldsymbol{\xi} = [\xi_1, \cdots, \xi_n]^{\mathrm{T}}$，$\xi_i$ 为式(7-8)定义的协同误差，则 $\boldsymbol{\xi} = -\mathscr{L}\hat{\boldsymbol{\tau}}$，其中 $\mathscr{L}$ 是拉普拉斯矩阵，$\hat{\boldsymbol{\tau}} = [\hat{\tau}_1, \cdots, \hat{\tau}_n]^{\mathrm{T}}$，$\hat{\tau}_i$ 是式(7-7)定义的协同变量。

引理 7-5[17]：定义函数 $V_1 = \dfrac{1}{2} \sum\limits_{i=1}^{n} \sum\limits_{j=1}^{n} a_{ij}(\hat{\tau}_i - \hat{\tau}_j)^2$，则有 $V_1 = \hat{\boldsymbol{\tau}}^{\mathrm{T}} \mathscr{L} \hat{\boldsymbol{\tau}}$。

引理 7-6[17]：$\lambda_2 V_1 \leqslant \boldsymbol{\xi}^{\mathrm{T}} \boldsymbol{\xi} \leqslant \lambda_m V_1$，其中，$\lambda_2$ 和 λ_m 分别为拉普拉斯矩阵 $\mathscr{L}$ 的非零最小和最大特征值。

证明 7-3：证明定理 7-3。

对式(7-7)中的 $\hat{\tau}_i$ 进行一次微分并利用式(7-11)有

$$\dot{\hat{\tau}}_i = -\cos(\lambda_i - \gamma_{\mathrm{M},i}) - \frac{r_i}{V_{\mathrm{M},i}^2} a_{t,i} = -\cos(\lambda_i - \gamma_{\mathrm{M},i}) + k_\xi \frac{\xi_i}{t_{\mathrm{go},2}}$$

定义 $\hat{\boldsymbol{\tau}} = [\hat{\tau}_1, \cdots, \hat{\tau}_n]^{\mathrm{T}}$，并进行一次微分有

$$\dot{\hat{\boldsymbol{\tau}}} = -[\cos(\lambda_i - \gamma_{\mathrm{M},i})] + \frac{k_\xi}{t_{\mathrm{go},2}} \boldsymbol{\xi} \qquad (7-12)$$

其中，$[\cos(\lambda_i - \gamma_{\mathrm{M},i})]$ 是一个列向量，其第 i 个元素为 $\cos(\lambda_i - \gamma_{\mathrm{M},i})$。

当 $t \in [0, T_c]$ 时，选取 V_1 作为李雅普诺夫函数并进行一次微分有

$$\dot{V}_1 = \dot{\hat{\boldsymbol{\tau}}}^{\mathrm{T}} \mathscr{L} \hat{\boldsymbol{\tau}} + \hat{\boldsymbol{\tau}}^{\mathrm{T}} \mathscr{L} \dot{\hat{\boldsymbol{\tau}}} = -\dot{\hat{\boldsymbol{\tau}}}^{\mathrm{T}} \boldsymbol{\xi} - \boldsymbol{\xi}^{\mathrm{T}} \dot{\hat{\boldsymbol{\tau}}} = -2\boldsymbol{\xi}^{\mathrm{T}} \dot{\hat{\boldsymbol{\tau}}}$$

代入式(7-12)有

$$\dot{V}_1 = 2\boldsymbol{\xi}^{\mathrm{T}}[\cos(\lambda_i - \gamma_{\mathrm{M},i})] - 2\frac{k_\xi}{t_{\mathrm{go},2}} \boldsymbol{\xi}^{\mathrm{T}} \boldsymbol{\xi} \leqslant 2\|\boldsymbol{\xi}\|\sqrt{n} - 2\frac{k_\xi}{t_{\mathrm{go},2}} \boldsymbol{\xi}^{\mathrm{T}} \boldsymbol{\xi},$$

由 $0 \leqslant t_{go,2} = T_s - t \leqslant T_s$，进一步得

$$\dot{V}_1 \leqslant 2\sqrt{n\lambda_m} V_1^{\frac{1}{2}} - 2\frac{k_\xi}{t_{go,2}}\lambda_2 V_1 \leqslant 2\sqrt{n\lambda_m} V_1^{\frac{1}{2}} - 2\frac{k_\xi}{T_s}\lambda_2 V_1$$

令 $W_1 = \sqrt{V_1}$，则 $\dot{W}_1 \leqslant \sqrt{n\lambda_m} - \dfrac{k_\xi}{T_s}\lambda_2 W_1$。

有两种可能：

如果 $W_1(0) > \sqrt{n\lambda_m} \dfrac{T_s}{k_\xi \lambda_2}$，则 $\dot{W}_1 < 0$ 且 $W_1(t) \leqslant W_1(0)$；

如果 $W_1(0) \leqslant \sqrt{n\lambda_m} \dfrac{T_s}{k_\xi \lambda_2}$，则 $W_1(t) \leqslant \sqrt{n\lambda_m} \dfrac{T_s}{k_\xi \lambda_2}$。

综上所述，当 $t \in [0, T_c]$ 时，$W_1(t) \leqslant \max\left\{ W_1(0), \sqrt{n\lambda_m} \dfrac{T_s}{k_\xi \lambda_2} \right\}$，因此

$$\|\boldsymbol{\xi}\| \leqslant \sqrt{\lambda_m} W_1 \leqslant \max\left\{ \sqrt{\lambda_m} W_1(0), \sqrt{n}\lambda_m \dfrac{T_s}{k_\xi \lambda_2} \right\}.$$

当 $t \geqslant T_c$ 时，$\sin(\lambda - \gamma_M) = 0$ 且 $\cos(\lambda - \gamma_M) = 1$，此时

$$\dot{\boldsymbol{\tau}} = -\boldsymbol{1} + \frac{k_\xi}{t_{go,2}}\boldsymbol{\xi}$$

选取 V_1 作为李雅普诺夫函数并进行一次微分有

$$\dot{V}_1 = \dot{\hat{\boldsymbol{\tau}}}^{\mathrm{T}} \mathscr{L} \hat{\boldsymbol{\tau}} + \hat{\boldsymbol{\tau}}^{\mathrm{T}} \mathscr{L} \dot{\hat{\boldsymbol{\tau}}} =$$

$$\left(-\boldsymbol{1}^{\mathrm{T}} + \frac{k_\xi}{t_{go,2}}\boldsymbol{\xi}^{\mathrm{T}} \right) \mathscr{L} \hat{\boldsymbol{\tau}} + \hat{\boldsymbol{\tau}}^{\mathrm{T}} \mathscr{L} \left(-\boldsymbol{1} + \frac{k_\xi}{t_{go,2}}\boldsymbol{\xi} \right) =$$

$$2\hat{\boldsymbol{\tau}}^{\mathrm{T}} \mathscr{L} \frac{k_\xi}{t_{go,2}}\boldsymbol{\xi} =$$

$$-2\frac{k_\xi}{t_{go,2}}\boldsymbol{\xi}^{\mathrm{T}}\boldsymbol{\xi} \leqslant$$

$$-2\frac{k_\xi}{t_{go,2}}\lambda_2 V_1$$

由第 1 章的引理 1-3 可得 $V_1(t) \leqslant \eta(t)$，其中 $\eta(t)$ 满足 $\dot{\eta} + \dfrac{2k_\xi \lambda_2 \eta}{t_{go,2}} = 0$。

因为 $\eta(T_s) = 0$，且 $0 \leqslant V_1(T_s) \leqslant \eta(T_s) = 0$，所以 $V_1(T_s) = 0$ 且 $\boldsymbol{\xi}(T_s) = 0$。

当 $t \geqslant T_s$ 时，由 $a_{t,i} = 0$ 和 $\boldsymbol{\xi}(T_s) = 0$，可得 $\boldsymbol{\xi}(t) = 0$，又因此实现了 $\hat{\tau}_i$，$i =$

$1,\cdots,n$ 的一致性。当 $\xi_i=0$ 时，$a_{t,i}=0$，因此 $\dot{V}_{M,i}=0$，即 $V_{M,i}$ 此后保持常值。独立设计保证了 $\dot{\lambda}=0$ 和 $\lambda=\lambda^*$，即当 $t\geq T_c$ 时，每枚导弹将沿视线飞行，此时 $\hat{\tau}_i$ 即每枚导弹的剩余飞行时间。又因为 $\hat{\tau}_i,i=1,\cdots,n$ 保持一致，所以所有导弹同时击中目标。

7.4　仿　真

本节考虑五枚导弹协同攻击一个静止目标，并先列出仿真参数，展示仿真结果，最后用蒙特卡洛验证提出的方案对气动不确定性的鲁棒性。

7.4.1　仿真参数

式(7-2)中的气动系数表达式为[12]

$$c_{m1}(\alpha)=c_{m13}\alpha^3+c_{m12}\alpha^2+c_{m11}\alpha+c_{m10},$$
$$c_{m2}(\alpha)=c_{m23}\alpha^3+c_{m22}\alpha^2+c_{m21}\alpha+c_{m20}$$

气动导数见表 7-1，导弹的其他参数见表 7-2，导弹和目标的初始参数见表 7-3。

表 7-1　气动系数

系　数	c_{m10}	c_{m11}	c_{m12}	c_{m13}	c_{m14}	c_{m15}	c_{m16}	c_{m17}
数　值	-0.038 1	-2.741 9	0.213 1	-0.005 5	-0.404 1	0.871 5	-0.062 3	0.001 4

表 7-2　导弹参数

参　数	m/kg	I_{yy}/(kg·m²)	k_F/m²	k_M/m³	ρ/(kg/m³)	δ_e^{max}/(°)
数　值	144	136	0.014 3	0.002 7	0.264 1	28.65

表 7-3　导弹和目标的初始参数

导　弹	初始位置/m	$r(0)$/m	$\lambda(0)$/(°)	V_M(m/s)	$\gamma_M(0)$/(°)	λ^*/(°)
M_1	(0,2 886.8)	5 773.5	30	525	0	34.38
M_2	(2 000,3 000)	4 242.6	45	550	0	57.3

导　弹	初始位置/m	$r(0)/m$	$\lambda(0)/(°)$	$V_M(m/s)$	$\gamma_M(0)/(°)$	$\lambda^*/(°)$
M_3	(4 000,1 732.1)	2 000	60	200	0	68.76
M_4	(6 500,2 598.1)	3 000	120	400	0	-57.3
M_5	(9 000,4 000)	5 656.9	135	525	0	-40.1
T	(5 000,0)	—	—	—	—	—

导弹间的通信拓扑见图 7 - 4。

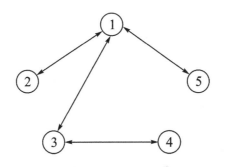

图 7 - 4　导弹间的通信拓扑图

7.4.2　仿真结果

设计参数取值见表 7 - 4,五枚导弹的状态曲线见图 7 - 5,切向加速度曲线和升降舵偏转曲线分别见图 7 - 6 和图 7 - 7,导弹目标的相对距离、协同变量、协同误差和导弹运动轨迹见图 7 - 8,仿真数据包括终端距离 $r_i(T_f)$ 和影响时间 T_f(见表 7 - 5)。由图 7 - 5 可以看出,当 $t \to T_c$ 时,五枚参战导弹的状态 $x_i \to 0, i=1,2,3$;当 $t \geqslant T_c$ 时,$x_i = 0, i=1,2,3$。因此五枚导弹的视线角都达到了期望值。由图 7 - 8 可以看出,当 $t \to T_s$ 时,协同误差 $\xi_i \to 0$;当 $t \geqslant T_s$ 时,$\xi_i = 0$。由图 7 - 8 和表 7 - 5 可以看出,五枚参战导弹在 $T_f = 9.35$ s 同时击中目标。

表 7 - 4　设计参数取值

参　数	k_0	T_c	T_s	β_1	p_1	q_1	β_2	p_2	q_2	$k_{\xi,1}$	$k_{\xi,2}$	$k_{\xi,3}$	$k_{\xi,4}$	$k_{\xi,5}$
取　值	4.2	4	7	10	5	3	200	5	3	5	5	3	1.6	5

表 7 - 5　　五枚参战导弹的攻击时间和终端距离

终端距离					攻击时间
$r_1(T_f)/\text{m}$	$r_2(T_f)/\text{m}$	$r_3(T_f)/\text{m}$	$r_4(T_f)/\text{m}$	$r_5(T_f)/\text{m}$	T_f/s
0.065 72	0.050 91	0.022 68	0.031 11	0.068 05	9.35

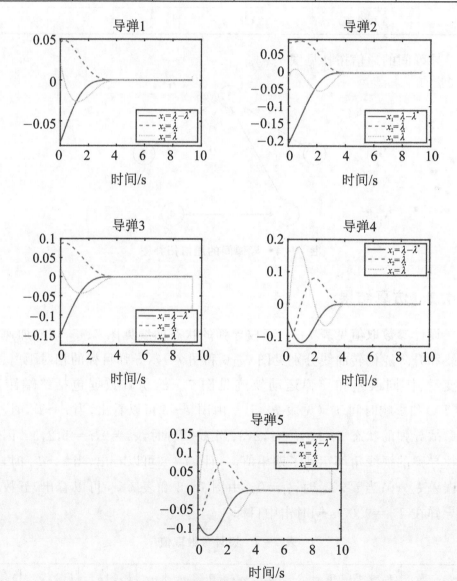

图 7 - 5　　五枚导弹的状态 $x_i\,(i=1,\cdots,3)$

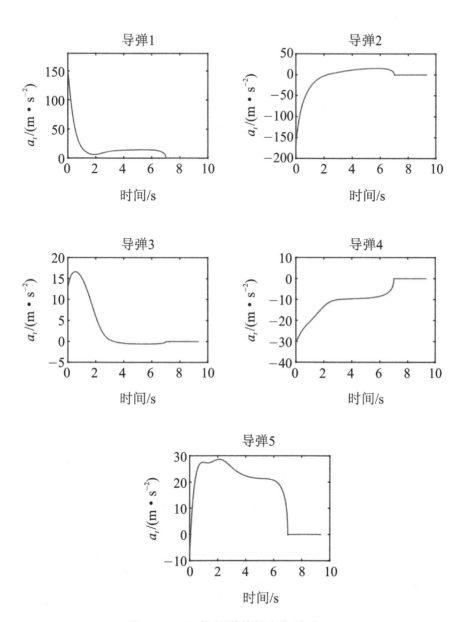

图 7 - 6　五枚导弹的切向加速度 a_t

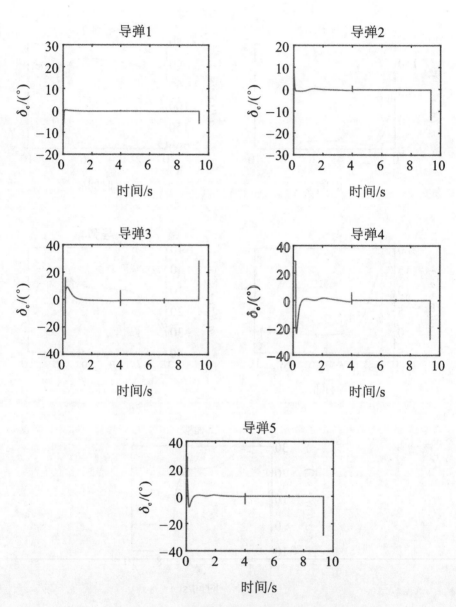

图 7 - 7　五枚导弹的升降舵偏转 δ_e。

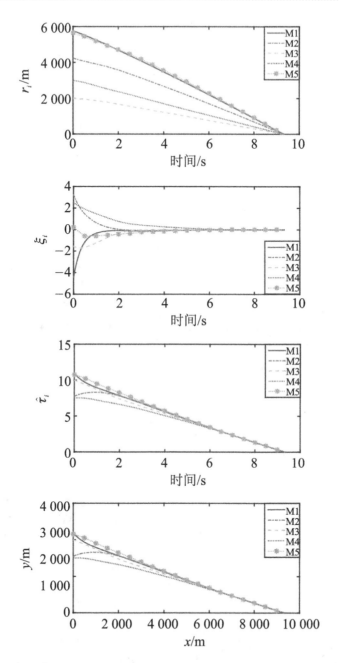

图 7-8　五枚导弹的相对距离,协同误差 ξ_i,协同变量 $\hat{\tau}_i$ 和运动轨迹

7.4.3　蒙特卡洛仿真

本小节进行蒙特卡洛仿真研究,该研究包含 100 次仿真。仿真中的气

动导数在表 7-1 所列标称值的基础上浮动±20%。

由图 7-9 可以看出运行 100 次的仿真结果,其中 $r_1(T_f) \in [0\ \text{m},$ $1\ \text{m}]$,$r_2(T_f) \in [0\ \text{m}, 0.7\ \text{m}]$,$r_3(T_f) \in [0\ \text{m}, 0.25\ \text{m}]$,$r_4(T_f) \in [0\ \text{m},$ $0.3\ \text{m}]$,$r_5(T_f) \in [0\ \text{m}, 1.4\ \text{m}]$。对于所有参战导弹,$T_f \in$ $[9.897\ \text{s}, 9.904\ \text{s}]$。因此所提出的方法对气动不确定性具有很好的鲁棒性。

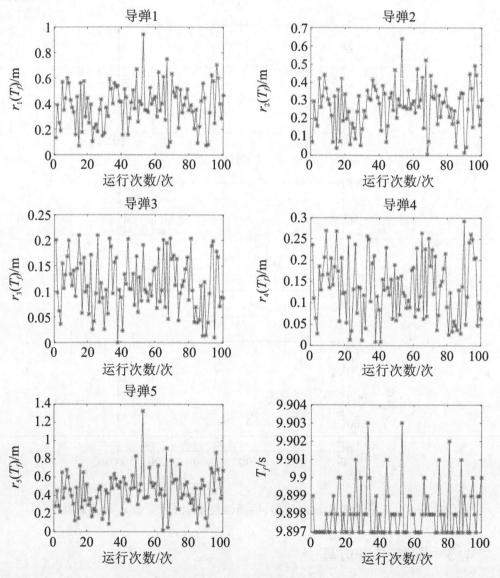

图 7-9　100 次仿真的 $r(T_f)$ 和 T_f

7.5　本章小结

本章提出了一种分布式协同制导与控制一体化设计,该设计包括两部分,首先设计导弹的升降舵偏转,改变导弹的运动方向,保证导弹可以指定角度击中目标,其次设计导弹的切向加速度,保证所有导弹同时击中目标。

参考文献

[1] JEON I S, LEE J I, TAHK M J. Homing guidance law for cooperative attack of multiple missiles[J]. Journal of Guidance, Control, and Dynamics, 2010, 33(1): 275-280.

[2] HOU D, WANG Q, SUN X, et al. Finite-time cooperative guidance laws for multiple missiles with acceleration saturation constraints[J]. IET Control Theory & Applications, 2015, 9(10): 1525-1535.

[3] SU W, LI K, CHEN L. Coverage-based cooperative guidance strategy against highly maneuvering target[J]. Aerospace Science and Technology, 2017, 71: 147-155.

[4] ZHOU J, YANG J. Distributed guidance law design for cooperative simultaneous attacks with multiple missiles[J]. Journal of Guidance, Control, and Dynamics, 2016, 39(10): 2439-2447.

[5] ZHANG P, LIU H H T, LI X, et al. Fault tolerance of cooperative interception using multiple flight vehicles[J]. Journal of the Franklin Institute, 2013, 350(9): 2373-2395.

[6] NIKUSOKHAN M, NOBAHARI H. Closed-form optimal cooperative guidance law against random step maneuver[J]. IEEE Transactions on Aerospace and Electronic Systems, 2016, 52(1): 319-336.

[7] SHAFERMAN V, SHIMA T. Cooperative optimal guidance laws for imposing a relative intercept angle[J]. Journal of Guidance, Control, and Dynamics, 2015, 38(8): 1395-1408.

[8] ZHAO J, ZHOU R, DONG Z. Three-dimensional cooperative guidance laws against stationary and maneuvering targets[J]. Chinese Journal of

Aeronautics，2015，28(4)：1104-1120.

[9] SONG J，SONG S，XU S. Three-dimensional cooperative guidance law for multiple missiles with finite-time convergence[J]. Aerospace Science and Technology，2017，67：193-205.

[10] LIU X，LIU L，WANG Y. Minimum time state consensus for cooperative attack of multi-missile systems[J]. Aerospace Science and Technology，2017，69：87-96.

[11] SHTESSEL Y B，SHKOLNIKOV I A，Levant A. Guidance and control of missile interceptor using second-order sliding modes[J]. IEEE Transactions on Aerospace and Electronic Systems，2009，45(1)：110-124.

[12] HUANG J，LIN C F. Application of sliding mode control to bank-to-turn missile systems：Proceedings of the First IEEE Regional Conference on Aerospace Control Systems，May 25-27，1993[C]. Westlake Village，USA：IEEE，2002.

[13] SHTESSEL Y B，TOURNES C H. Integrated higher-order sliding mode guidance and autopilot for dual-control missiles[J]. Journal of Guidance，Control，and Dynamics，2009，32(1)：79-94.

[14] LIAO F，JI H，XIE Y. A novel three-dimensional guidance law implementation using only line-of-sight azimuths[J]. International Journal of Robust and Nonlinear Control，2015，25(18)：3679-3697.

[15] REN W，BEARD R W，ATKINS E M. Information consensus in multivehicle cooperative control[J]. IEEE Transactions on Control Systems，2007，27(2)：71-82.

[16] OLFATI-SABER R，MURRAY R M. Consensus problems in networks of agents with switching topology and time-delays[J]. IEEE Transactions on Automatic Control，2004，49(9)：1520-1533.

[17] WANG X H，TAN C P. Distributed cooperative controller design considering guidance loop and impact angle[J]. Journal of the Franklin Institute，2018，355：6927-6946.